• 安洋 编著 •

Makeup and Hairstyle

化妆造型
技术大全

（第2版）

图书在版编目（CIP）数据

化妆造型技术大全 / 安洋编著. -- 2版. -- 北京：
人民邮电出版社，2021.9
ISBN 978-7-115-56793-2

Ⅰ．①化… Ⅱ．①安… Ⅲ．①化妆－造型设计－基本
知识 Ⅳ．①TS974.1

中国版本图书馆CIP数据核字(2021)第130507号

内 容 提 要

　　这是一本全面讲解化妆造型技术的书，在第 1 版基础上进行了更新和改进。本书涵盖了化妆造型的基础知识、生活类妆容造型案例解析、影楼妆容造型案例解析、新娘妆容造型案例解析、时尚妆容造型案例解析和影视妆容造型案例解析等内容。本书是作者多年工作经验的总结，书中不仅有基础知识、基本技法的讲解，还有经典案例解析和相关图例分析。本书讲解细致，分析深入，文字描述通俗易懂，能够为读者在化妆造型学习方面指引方向，点亮明灯。

　　这是一本用心打造的诚意之作，适合零基础、想快速提高化妆造型水平的读者阅读，也可作为化妆造型师的参考手册及化妆造型培训机构的教材。

◆ 编　著　安　洋
　　责任编辑　张玉兰
　　责任印制　马振武

◆ 人民邮电出版社出版发行　　北京市丰台区成寿寺路 11 号
　　邮编　100164　电子邮件　315@ptpress.com.cn
　　网址　https://www.ptpress.com.cn
　　北京盛通印刷股份有限公司印刷

◆ 开本：787×1092　1/16
　　印张：24
　　字数：657 千字　　　　　　　　2021 年 9 月第 2 版
　　印数：31 001 – 33 500 册　　　　2021 年 9 月北京第 1 次印刷

定价：199.00 元
读者服务热线：(010)81055410　印装质量热线：(010)81055316
反盗版热线：(010)81055315
广告经营许可证：京东市监广登字 20170147 号

前言

　　《化妆造型技术大全》第 1 版的出版已经是 8 年前的事情了，时间过得飞快。本书对我而言非常有意义。对于综合类的书，在写之前要做好各种准备工作，该写哪些内容，不该写哪些内容等因素都需要考虑到。化妆造型领域的发展是非常快的，而写本书这种综合性类型的书，不仅要考虑案例是否符合当下的流行趋势，还要考虑知识的深浅结合和全面性。对于读者来说，翻阅一本书时可能不会留意每一页内容，但对于笔者来说，每一页内容都经过了深思熟虑并凝聚着心血。

　　本版对第 1 版的内容进行了更新，所有案例都与第 1 版不同，且基础知识方面做得更加细致、具体。在影视妆容造型章节中加入了很多古代妆容造型案例，力求将更全面的妆容造型知识带给读者。

　　本书的内容包括化妆造型基础、生活类妆容造型、影楼妆容造型、新娘妆容造型、时尚妆容造型、影视妆容造型。每章都包含很多具体案例和解析。各章内容由浅入深进行排列，基本与妆容造型专业教学顺序相同，以方便读者更好地理解及实际学习应用。

　　本版附赠妆容造型视频学习资料，方便读者对本书的妆容造型技术手法和重点有更深入的了解。

　　关于学习的方法，这里分享一些我个人的心得。在学习自己不了解的内容时，可以反复研读并融入自己的思考，这样每一次的理解都会更加深刻。不能走马观花式地学习，否则很多知识点会被错过。

　　感谢人民邮电出版社为本书的出版提供平台，同时感谢出版社编辑对本书出版工作的支持。

安洋

2021 年 3 月

目录

第7章 影视妆容造型　331

第 1 章

化妆基础

1.1 妆容造型的类型

原始社会，人类的祖先为御寒而创造了最原始的服装。为隐藏自己、追捕猎物，他们将树枝、羽毛等戴在头上，在脸上涂抹有色彩的植物颜料等，这是较原始的妆容造型。随着社会的发展，妆容造型的塑造越来越受到人们的重视。如今妆容造型不仅运用在日常生活中，还被分为很多门类充分运用在众多领域，而每个领域的妆容造型又细分为各种类型，每种类型都具有自己的独特性。

1.1.1 生活类妆容造型

生活类妆容造型是人们熟知的一种妆容造型，其不仅指简单的、普通的淡妆，还分为很多类别。

日常妆容造型

日常妆容造型指一般概念上的日常生活妆，一般要求自然、本色，妆容淡雅、细腻，造型自然，符合日常生活的需求。随着时代的发展，有一些追求个性的人会将生活类妆容处理得相对浓重一些。我们不能以个人的审美标准评定妆容好坏，而要以包容的态度看待妆容。

时尚派对妆容造型

时尚派对妆容造型是参加一些聚会活动时常用的一种妆容造型。由于光线、场合及着装不同，相对于日常妆容造型，这类妆容会处理得更加立体、结构感更强，造型会结合妆容有一些较为个性的表现。一些个性时尚的主题聚会也有将造型处理得夸张、另类的情况。

时尚职业妆容造型

时尚职业妆容造型是指应用于职场的妆容造型。化妆是职场社交的一种礼仪，职业妆容造型根据每个人角色的不同会有所区别。例如，高层管理者和普通职员在妆容造型的处理上会有所不同。应注意职业妆容一般都是易于让人接受的。

男士妆容造型

男士对外在形象的要求不断提高，希望通过细致的修饰来提升气质。男士妆容造型开始流行且重在自然。

1.1.2 影楼妆容造型

影楼妆容造型是一种与人们生活联系比较密切的妆容造型。因服装及客户群体不同，影楼妆容造型分为多个门类。

白纱妆容造型

为了与白纱搭配，白纱妆容造型一般会将妆容处理得相对比较淡雅，分为高贵、复古、浪漫等多种风格。

晚礼妆容造型

晚礼妆容造型相对于白纱妆容造型而言色彩更丰富，妆容表现力更强，造型更富于变化，所能表现的形式更多。

特色服饰妆容造型

特色服饰一般包括唐汉宫廷服、秀禾服、旗袍等，在影楼拍摄中起点缀作用。一般会为搭配特色服饰设计专门的妆容造型。

写真妆容造型

写真是摄影的一个重要门类，有专门从事写真的影楼或摄影工作室。写真妆容造型较随意，可根据每个客户的特点选择不同风格的妆容造型，如清纯、唯美等。

1.1.3 新娘妆容造型

新娘妆容造型是一个比较特殊的门类，一般分为韩式新娘妆容造型、日系新娘妆容造型、欧式新娘妆容造型等。同时，新娘妆容造型还有晚礼妆容造型和中式妆容造型等。

1.1.4 时尚妆容造型

时尚妆容造型的运用方向一般有杂志美容片、服装画册、主持人、时尚大片、广告、红毯、T台、时尚创意等。根据表现形式的不同，时尚妆容造型可以分为以下几类。

时尚透明妆

通过精心的修饰及细致的肤色处理，减少妆面上的色彩叠加，塑造有妆似无妆的妆容效果。

时尚烟熏妆

通过叠色递进的方式使眼睛产生蒙眬的妆感。近些年，在拍摄时尚大片、T台走秀等时常采用时尚烟熏妆。

时尚金属妆

通过特殊的粉底，塑造特殊的皮肤质感。很多大牌化妆品都有专用的金属粉底，我们也可以利用身边现有的材料，如添加珠光粉来达到这种效果。

时尚特色妆

根据眼部结构和整体色彩的变化设计特别的妆效。塑造欧洲人眼窝凹陷的形象和印度人的形象都会用到时尚特色妆；时尚特色妆在影视等领域也常使用。

时尚舞台妆

舞台妆是一个很庞大的化妆体系。这里的时尚舞台妆一般用于综艺节目中。在舞台上，演员的类型和舞台的灯光设计会对妆容产生巨大的影响，我们所看到的妆容效果不代表在舞台上表现的效果，所以一定要对灯光、整体的舞台设计及演员类别有全面的了解。

时尚创意妆与梦幻妆

做时尚创意妆与梦幻妆的时候要先确定一个主题再进行设计。创意妆是很能体现化妆师内心世界和审美水平的。每一个生活元素都有可能成为创作的主题，如环保、黑暗、光明等；梦幻妆需要较扎实的美术功底，可以对整个身体进行创作，也可搭配一些特殊装饰物达到抽象或具象的艺术效果。

根据妆容运用的场合不同，时尚妆容造型还有其他的分类方式。后续章节中会介绍各种场合下时尚妆容的画法，这里不赘述。

1.1.5 影视妆容造型

影视妆容造型是通过化妆造型赋予演员剧中相应角色的性格、年龄、身份、职业等。塑造一部成功的影视作品，化妆造型是非常重要的环节。

性格妆容造型

从人物的气质、修养、思想、感情等方面入手，通过妆容造型塑造符合剧情的人物形象。只有充分了解剧本，才能对妆容造型有很好的把握。

朝代妆容造型

有时，影视中需塑造与历史或现实生活中人物原型相似的妆容造型。例如，对伟人形象的塑造，对古代君王、嫔妃形象的塑造。这除了需要把握好演员本身的基础妆容造型之外，还要注意细节与整体的关系。

模拟妆容造型

对一些虚幻的形象，可通过妆容造型赋予其生命，使其具体化，如传说、神话等作品中妖魔鬼怪的形象。

年龄感妆容造型

年龄感妆容造型即通过妆容造型塑造人物青年、中年、老年的形象，一般在演员年龄跨度较大的影视作品中使用。在塑造年龄感妆容造型的时候，要与剧中的人物背景相结合，年纪相同的人物，生活背景和环境不同，老态的程度会有所区别。

气氛感妆容造型

气氛感妆容造型即通过妆容造型烘托某种氛围，如紧张的、严肃的、恐怖的等。其涉及的范围很广，与性格妆容造型类似，在形象上表现得更加鲜明。

伤效妆容造型

伤效妆容造型一般用于战争题材的影视作品中，它是指通过特别的妆容造型，塑造断指、烧伤、断臂、腐烂、流血等妆效，使其更符合剧中的人物形象及满足场面需要。

有些妆容彼此之间存在着交叉，有些妆容还可以做更细致的分类。

1.1.6 其他妆容造型

戏曲妆容造型

戏曲妆容造型可用于塑造戏曲表演中的人物形象，如京剧中的花旦、老生、花脸等。戏曲妆容造型塑造的人物形象相对比较固定，但是对化妆造型师的专业能力要求很高，并且有很多需要遵守的妆容造型规则及技巧。

主持人妆容造型

主持人一般分为新闻节目主持人、综艺节目主持人、访谈节目主持人等。主持人的妆容造型根据节目的不同会有所区别。例如，新闻节目主持人的妆容造型会比较端庄，综艺节目主持人的妆容造型会比较时尚。

Cosplay 妆容造型

Cosplay 妆容造型即模仿动画片、漫画、网络游戏中人物形象的妆容造型。这种妆容造型通常需要恰当的服装，这样才能与被模仿人物形象更相似。

当然，还有一些其他的妆容造型分类，同时随着需求面的扩大，还会出现更多妆容造型门类，而我们要做的是对知识的全方位掌握，让自己在面对任何方向工作的时候都能游刃有余。本书主要对一些必修基础知识、时尚妆容造型及实用性强的特色妆容造型做具体的分析讲解。希望大家能够举一反三，通过书中内容拓展掌握更多的内容。

本书主要对生活类妆容造型、影楼妆容造型、新娘妆容造型、时尚妆容造型、影视妆容造型这几个板块做具体的妆容实例讲解分析。

1.2 化妆造型工具

1.2.1 化妆刷介绍

　　化妆刷是我们在化妆时必备的一种工具。化妆刷刷头的材质一般分为动物毛和纤维，相比之下动物毛的刷头更亲肤且更利于上色，纤维的刷头比较适合做大面积的色块晕染，如刷彩绘的油彩。不同的刷形有不同的功能，下面对各种刷形做具体介绍。

扁平口散粉刷

多功能大刷头，刷形扁平。可以用来定妆或蘸取暗影粉，也可以用来大面积修饰暗影轮廓或大面积提亮。

圆形口散粉刷

圆形口的刷头更利于抓粉，可以用来大面积面部定妆。

火苗头腮红刷

火苗形的刷头更容易将腮红晕染出深浅变化和立体感。

精致腮红刷

精致腮红刷可以用于晕染腮红的细节或小面积腮红。

松粉刷

松粉刷的作用是清除面部的浮粉，以及在化妆的过程中脱落的有色粉末，以免弄脏妆面。松粉刷也可以用来定妆、晕染腮红。

轮廓粉刷

轮廓粉刷可以用来蘸取暗影粉修饰面部的轮廓，使五官更加立体，也可以作为腮红刷。

凹槽粉底液刷

将粉底液滴在凹陷处，然后以移动画圈法刷涂粉底液。

标准粉底刷

可以用来刷粉底液，也可以用来刷涂面部轮廓暗影膏。

精致粉底刷

刷头扁平，刷形比较小，可以将粉底刷涂得更加精致、更加到位。

粉底抛光刷

在刷涂好粉底液后可用粉底抛光刷刷掉面部多余的粉底液，使粉底更加伏贴、透亮。粉底抛光刷应在干燥的状态下使用。

扁平口提亮粉刷

可以用来蘸取提亮粉提亮 T 字区域、V 字区域、上眼睑、下巴等大面积区域。

火苗头精致细节提亮刷

可以用来提亮小面积区域，如眉弓、内眼睑等。

宽口细节暗影刷

可以作为鼻侧影刷，也可以作为眼影刷。

窄口细节暗影刷

可以作为鼻翼、唇下等更细节位置的暗影粉刷，也可作为眼影刷。

标准大眼影刷

常用的眼影刷，用来晕染面积较大的眼影。

标准眼影刷

常用的眼影刷，用来晕染常规眼影。

精致细节宽短眼影刷

用来加深晕染眼影细节。

精致细节细长眼影刷

可以晕染内眼角、上下眼睑最边缘的细节。

蓬松弧度眼影刷

抓粉能力强，通常在晕染小面积眼影时使用。

无痕细节眼影刷

刷毛柔软，刷头为圆形，适合用来晕染眼影边缘细节，使边缘过渡得更加柔和自然。

标准遮瑕刷

在需遮瑕的面积较大时使用，如遮黑眼圈、大斑点等。

细节遮瑕刷

刷头很小，主要用来蘸取粉底液进行遮瑕及对妆容处理不当的位置进行修饰。

精致细节眼线刷

可以用来蘸取眼线膏、眼线粉等。使用精致细节眼线刷更容易掌握力度和准确度。注意使用时不要让刷子过湿。

标准唇刷

标准唇刷的刷毛较硬，刷头较小，目的是能更好地把握唇的轮廓感及细致地描画唇形。

轮廓唇刷

用来描画轮廓饱满的立体唇形，如亚光红唇等。

咬唇刷

用来模糊唇的轮廓，使唇呈现咬唇等特殊唇妆效果。

眉扫

斜口设计，用来蘸取眉粉，描画眉形。

眉睫刷

双面设计。梳子面用来梳理眉形，便于修眉，也可以用来梳理睫毛；梳毛面用来清除眉毛内部的残余毛发和杂质。

螺旋扫

可以用来清理眉毛中的残粉及睫毛上的浮粉。

1.2.2 化妆品介绍

要完成妆容首先要对需使用的产品有一定了解，下面对化妆时常用的产品和辅助工具做一下介绍。

妆前产品

保湿水

保湿水的作用是锁住皮肤水分，使皮肤更加滋润，利于上妆，使粉底与皮肤更加贴合。

乳液

在保湿水之后用乳液会使皮肤得到更好的滋润。

平滑毛孔霜

平滑毛孔，使皮肤更有质感、更加光滑，有利于底妆的伏贴。

妆前乳

在刷粉底之前使用妆前乳可以在滋润皮肤的同时调整肤色，还可以起到保护皮肤和防晒的作用。

提亮液

提亮液可以增加皮肤的光泽度，同时可使底妆呈现更加通透的质感。

底妆系列

粉底液

相对于粉底膏，粉底液更加细腻、水润。粉底液可以更好地贴合皮肤，表现清透的皮肤质感。

粉底膏

粉底膏的优点是遮瑕效果比较好。粉底膏分为多种色号，浅色粉底膏可用于局部的提亮打底，深色粉底膏可用来画阴影。粉底膏的细腻程度对妆感影响很大。

遮瑕膏

用来遮盖面部的斑点、瑕疵和调整局部的肤色。

眼袋遮瑕液

眼袋遮瑕液可以分为橘色和明黄色两种颜色，在刷粉底之前可以用其对黑眼圈和眼袋进行修饰。

蜜粉

蜜粉也就是俗称的定妆粉，它的色号很多，如粉嫩色、透明色、深肤色、象牙白、小麦色等，应根据肤色需求选择合适的色号。

修容膏

在定妆前添加高光和暗影，使妆容呈现更强的立体感。

修容粉

修容粉是暗影粉和提亮粉的组合，暗影粉主要用来修饰面颊、颧骨、鼻侧区域等位置，提亮粉用来提亮鼻梁、眉弓、下眼睑、下巴等位置。亮暗结合可使五官更立体。

眉妆与眼妆系列

眉粉

眉粉一般有灰色、深棕色、浅棕色等颜色，主要用来调整眉毛的浓度和宽窄。

眉笔

眉笔一般有深棕色、浅棕色、灰色、黑色等颜色，可更好地表现眉毛的线条感。

染眉膏

用来给眉毛染色。

睫毛膏

睫毛膏的类型比较多样，有浓密型、纤长型、自然型等，应根据妆容的需求来选择合适的睫毛膏。睫毛膏比较常用的颜色是黑色和深棕色，也有彩色的，彩色睫毛膏适合有创意感的妆容。

眼线笔

画眼线的常用工具，用眼线笔描画出的眼线自然、均匀。

眼影

眼影一般分为亚光眼影和珠光眼影等，是打造眼妆的重要产品。

眼线膏

适合表现自然的眼线效果，如烟熏妆中自然晕染开的眼线效果。

眼线液笔

眼线液笔又称眼线水笔，有多种颜色且易上色，用其描画出的眼线流畅、自然。使用眼线液笔对手控制力的要求较高。

水溶眼线粉

在刷子上蘸取少量水后蘸取水溶眼线粉，可用于描画眼线。描画的眼线较流畅且不反光。

水溶油彩

用来描画眼线、花钿及彩绘线条等，需要配合少量水使用，特点是干后不易脱妆。

水眉笔

适合描画线条感较强的眉形，描画的眉形清晰自然，一般有灰色、咖啡色等颜色。

颊妆系列

粉质腮红

粉质腮红一般有粉嫩色、橘色、玫红色、棕红色等颜色，也有颜色特别的腮红，其主要用来处理一些有创意感的妆容。

气垫腮红

气垫腮红更加细腻、伏贴，一般用在定妆之前，这样使用效果更佳，更能表现出皮肤自然、红润的感觉。

唇妆系列

唇膏

唇膏一般分为亚光唇膏和光泽感唇膏。亚光唇膏主要用来描画立体感强、轮廓清晰的唇形，特点是有厚重感，比较适合用于以唇为重点的妆容；相对于亚光唇膏而言，光泽感唇膏更莹润、亮泽，没有亚光唇膏厚重。

唇彩

唇彩可以使唇更立体、滋润。在表现可爱感的妆容时可以用颜色淡雅的唇彩，在表现妖艳感的妆容时可以用颜色艳丽的唇彩。

唇釉

唇釉上色度好，一般用来打造雾面亚光的唇妆效果。

影视化妆材料

肤蜡

可以用来遮盖眉毛、伤疤等，也可以用来做伤效。

影视油彩

可以用来做伤效，如眼部瘀青、流血等效果。

人造血浆

大部分人造血浆是可服用的，可以用来做吐血、流血等效果。

万能调刀

可以用来调和肤蜡及塑造塑形过程中的各种纹理等。

塑形泥

可以用来捏塑各种塑形零件，也可以作为塑形模具。

硫化乳胶

可以用来制作塑形零件，如假下巴、假鼻子等，还可以用来做皱纹、烧伤等效果。

酒精胶水

用来粘贴毛发等造型配件。

延展油

可帮助肤蜡塑形、延展并磨平边缘，使肤蜡塑形的效果更加真实。

白发水

在塑造老年妆时，可将眉毛、胡须、头发染白，以达到更加真实的效果。

化妆辅助工具

假睫毛

假睫毛的作用一般是使睫毛更加浓密、眼睛更加有神。

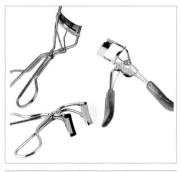

睫毛夹

用来将睫毛夹卷翘，使其呈现更加优美的弧度。比较窄的局部睫毛夹可以用来夹一些不易夹到的睫毛。

美目贴

一般将适当形状的美目贴粘贴在上眼睑合适的位置，以塑造双眼皮效果及调整两眼双眼皮的宽窄。

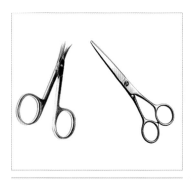

剪刀

剪刀的作用有很多，如剪美目贴、修剪睫毛及过长的眉毛等。

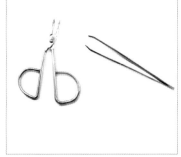

镊子、眉钳

眉钳的作用是拔除杂眉。镊子的作用比较多，不但可以拔除杂眉，还可以夹住一些细小的东西，使其固定得更加牢固。

粉底扑、美妆蛋

粉底扑一般有圆形的、菱形的、方形的等，美妆蛋一般呈葫芦形，两者均可用来上底妆。一般可以用密度较大的粉底扑上粉底液，用密度较小的上粉底膏。

蜜粉扑

蜜粉扑又称定妆粉扑，可以用来蘸取定妆粉按压定妆。比较小的蜜粉扑除了可以给眼周等细节位置定妆，还可以勾在手指上防止手与妆面接触。

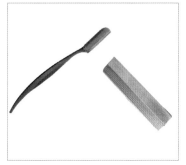

修眉刀片

用来修理杂乱的眉毛，还可用来修理眉毛的宽度，塑造眉毛的轮廓。

睫毛胶水

用来粘贴假睫毛及装饰物等。

1.3 人物面部结构及脸形分析

五官比例

化妆通常以将别人或自己变美为目的。要达到什么样的效果才算美呢？这需要一个标准。大部分人的五官比例都与标准的五官比例存在一定的差异，而化妆师要做的是通过调整妆容，让五官比例更接近标准，使其达到美的效果。五官的轮廓是内收式的，在横向、纵向及侧面的轮廓达到一定比例时，能让整个轮廓更加好看。

"三庭五眼"是评价一个人五官比例的基本概念。有的人五官单独看很漂亮，合在一起就不那么耐看了，有的人五官长得一般，合在一起却很耐看，这往往取决于五官比例是否合理。标准的"三庭"是指从额头发际线位置到眉心、从眉心到鼻尖、从鼻尖到下巴形成 1∶1∶1 的比例；人的正面横向面部轮廓以眼睛为基准形成"五眼"，如果两眼之间的距离刚好等于一只眼睛的长度，两侧外眼角至鬓侧发际线的长度也刚好等于一只眼睛的长度，即在横向比例上形成 1∶1∶1∶1∶1 时，就是标准的"五眼"。

仅达到"三庭五眼"的标准还不够，侧面的轮廓对一个人的五官效果同样有至关重要的作用。"三庭五眼"仅从平面评定五官是否标准，而只有侧面轮廓清晰明了，人的五官才会显得立体。从侧面的轮廓来看，高低起伏的错落感可使五官的曲线更优美。额头、鼻尖、唇珠、下巴尖都是微微突起的；鼻额的交界处、鼻下人中沟、唇与下巴的交界处都是较低的。

通过观察面部肌肉图和骨骼图我们会发现，面部的骨骼决定我们的五官是否立体，就是俗称的"骨相美"，而面部的肌肉则决定着我们面部的饱满度和紧致感，就是俗称的"皮相美"。我们在化妆的时候不仅要运用好色彩和线条，还要将面部的比例、骨骼和肌肉这些因素考虑到，才会取得较为理想的妆容效果。

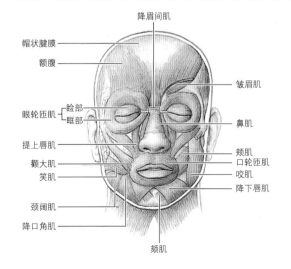 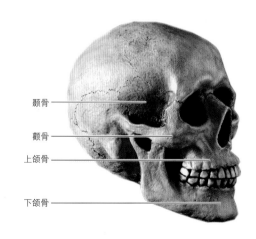

脸形介绍

脸形非常重要。在生活中，不是每个人都能拥有标准的脸形，改变脸形的方式有很多种，如化妆矫正。在用化妆矫正之前，要明白每种脸形的特点及需要矫正的位置，否则不能进行很好地矫正。

浅色在视觉上有膨胀的效果，深色在视觉上有收缩的效果。在用化妆矫正脸形的时候可以利用这一原理，用暗影膏和浅色粉底对脸形进行矫正。

下面先来认识一下各种脸形及对应的矫正方法。

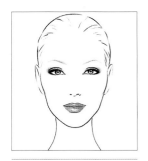

椭圆形脸

椭圆形脸是标准的东方脸形，又称鹅蛋形脸，这种脸形饱满、圆润并且不会显大。基本上不需要对这种脸形进行矫正。

圆形脸

圆形脸又称娃娃脸，这种脸形比较可爱，但会显得不成熟。对这种脸形进行修饰的时候要适当，不要过分强调立体感，以免与人物的气质产生冲突。

菱形脸

菱形脸又称钻石形脸，上下窄中间宽。矫正方法是对比较宽的位置用暗影膏进行收缩处理，对比较窄的位置用浅色粉底进行提亮修饰。

正三角形脸

正三角形脸上窄下宽。对这种脸形进行修饰时，要用浅色粉底对较窄的位置进行提亮，用暗影膏对较突出的位置进行收缩处理，尽量使比例协调。

长形脸

长形脸的宽度比较窄。修饰这种脸形时，需要用暗影膏适当修饰额头及下巴，眉毛要平缓，腮红要横向晕染，这样会使脸形看上去有缩短的感觉。

瓜子形脸

瓜子形脸比较瘦小，上宽下窄，是近几年比较受欢迎的一种脸形。这种脸形的缺点是额头常有比较秃的感觉，如果额头两侧发际线比较靠后，需要用暗影膏适当地进行修饰。

国字形脸

国字形脸的下颌角比较突出，男性化特征比较明显，有比较硬朗、缺少柔美感的感觉。为了削弱这种脸形过于硬朗的感觉，在化妆时需要对过分突出的棱角用暗影膏修饰，以在视觉上削弱棱角感。

梨形脸

梨形脸上部偏窄，下部偏宽，同时有左右不对称、轮廓不清晰的情况。矫正时用暗影膏与浅色粉底相互结合的手法进行收缩和提亮处理，使脸形更对称，并具有轮廓感。

1.4 矫正化妆

矫正化妆是指通过化妆手法的调整使五官的比例趋向于完美，一般分为底妆矫正、鼻子矫正、脸形矫正、眼形矫正、唇部矫正和眉形矫正。

将脸部按区域划分后更有助于我们掌握底妆和五官的处理方式。

一般可将脸部划分为 V 字区域、T 字区域、颧骨区域、下巴区域、颊侧区域和鼻侧区域等。V 字区域、T 字区域及颧骨区域是常规提亮的地方，颊侧区域和鼻侧区域是常规加深的地方，是否提亮下巴区域需由下巴的长短决定。

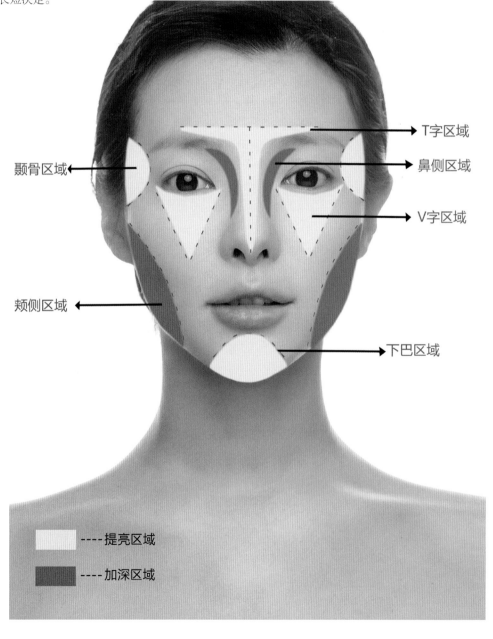

颧骨区域

颊侧区域

T字区域

鼻侧区域

V字区域

下巴区域

---- 提亮区域

---- 加深区域

底妆矫正

底妆矫正是指通过粉底颜色的深浅变化制造拉长、缩短、膨胀、收缩的错觉，在视觉上形成更立体、标准的面部。依据五官的标准比例将浅色粉底涂抹在需拉长突起的地方，深色粉底涂在需收缩变短的位置。为了达到更好的立体感，一般在 T 字区域、V 字区域、法令纹等位置做浅色粉底涂抹，在颊侧区域、鼻侧区域做深色粉底涂抹。

底妆矫正有时候需要用 3 种甚至 3 种以上色号的粉底，这很容易造成底妆过厚。为了表现清透且立体的底妆效果，有时候把底妆矫正分为在定妆前进行和在定妆后进行两种情况。

鼻子矫正

根据自身三庭的比例对鼻子进行矫正。

鼻子过长：尽量缩短鼻子的提亮长度，一般只提亮鼻根。鼻侧影不要连到鼻翼，否则会影响妆面的干净程度。

鼻子过短：加长鼻子的提亮长度，一般不超过鼻根至鼻尖长度的三分之二，切忌做出通天鼻的感觉，否则容易造成三庭层次混乱的情况。

鼻子歪：可以用浅色粉底提亮鼻梁，用深色粉底加深鼻侧区域，并且用位移的手法使其端正。

鼻头过大：适当地用深色粉底修饰，颜色不宜过深，过深会使缺陷更加明显。

鼻翼过窄：可以用浅色粉底适当地提亮鼻翼。

脸形矫正

脸形过大：用深色粉底修饰面颊，使其弧度更加优美，要根据妆面的浓淡确定需调整的程度。

脸形过小：在没有凹陷感的情况下一般不需要调整，脸形小有很好的镜头感；如果有凹陷，用浅色粉底提亮。

对于颧骨、下巴等位置，根据标准比例确定是否需要做或深或浅的修饰，所有的修饰必须以自然过渡为标准，过于生硬的修饰容易产生夸张的效果。

眼形矫正

眼妆是整个妆容的灵魂，也是花时间最多的，调整好眼睛的形状，完美的妆面就成功了一大半，所以如何调整好眼睛的形状是非常重要的课题。下面是眼形矫正的一些常见问题及相应的解决方法，以标准比例为矫正依据。

两眼间距过近：间距过近的眼睛容易给人精明、工于心计的感觉。在调整的时候把眼妆的重点放在眼睛的后半段，在视觉上尽量拉开两眼之间的距离，这在一定基础上调整了两眼给人的直观效果。

两眼间距过远：两眼间距过远容易给人幼稚、无神、呆板的感觉。在调整的时候尽量拉近两眼之间的距离，适当前移眼妆的重点位置，并拉长眼线，以拉近两眼之间的距离，使眼睛更有神。

高低眼：其实很多人的眼睛都有高低差距，只是有的不是很明显或者相对很对称。在处理这种眼睛眼妆时，可通过眼影、眼线、睫毛等元素将低的补高、高的压低，让两者尽量趋于平衡，不要通过单一的元素调整这种差距，否则会造成很明显的单一元素不对称的感觉。

眼睛过肿：眼睛过肿又称肿眼泡。在调整这样的眼睛时尽量避免用浅淡的暖色，否则容易造成眼睛更肿的感觉，可以用较深的颜色和冷色，以弱化眼睛在视觉上的浮肿感。

大小眼：有些大小眼是因为有单双眼皮。与高低眼解决的方式比较类似，可以用美目贴来调整，使其尽量大小一致。

单眼皮：纯单眼皮没有褶皱痕迹，是很难粘贴出双眼皮的。调整时可以通过睫毛的支撑和眼线、眼影的结合使眼睛变大。有些单眼皮本身就很好看，不一定要做过多的调整，保持原有的特点也很好。

眼尾下垂：通过上扬的眼线和眼影使眼尾在视觉上有上扬的感觉，搭配卷翘的眼尾睫毛效果会更好。

眼尾上扬：通过加宽下眼影及加大眼线的面积减弱眼尾的上扬感，同时眼线的眼尾不要太上扬，上眼影面积要小，以免眼妆面积过大。

唇部矫正

唇的宽度一般不会超过双眼平视前方时眼球中心的垂直延长线之间的距离，上下唇的厚度比例为2:3~1:1是比较标准的唇形。

唇过大：不要用过亮的唇彩，否则会显得嘴巴很油，对于厚而且棱角分明的唇也不要化很有型的立体唇，处理不当会有大唇套小唇的感觉。

唇过小：如果想表现比较自然的唇，可以先用肉色唇膏使唇的轮廓线变模糊，再涂上相应颜色的唇彩，这样不但可以使唇变大，还会有"嘟嘟唇"的感觉。若想将唇处理成轮廓分明的感觉，可以用唇膏描画新的轮廓线，再加上相应的唇色，塑造新的唇形。

唇形扁平：扁平的唇形缺少立体感、不够饱满，可以将深色与浅色的唇彩相互结合，在唇珠处自然地涂抹浅色唇彩，以与唇周的深色唇彩相结合，塑造立体感。

眉形矫正

眉形在一定程度上有改变脸形的作用。若脸形较短可以适当挑高眉形，将脸形拉长；反之，如果脸形太长，就要将眉形处理得平缓些。

1.5 底妆处理技巧

　　在化妆时，做好妆前护理工作后的第一步就是刷粉底，同时刷粉底也是化妆中非常重要的一个环节。就像画家在作画之前要选择一张干净的画纸一样，只有这样才能在画纸上展现自己的绘画技术，假设在一张色彩杂乱的画纸上作画，再高超的技术也无法得到发挥。化妆也是如此，只是这张"画纸"需要通过我们的技术创造出来。

　　人的皮肤都会有一些瑕疵，如痘印、色斑等，需要通过刷粉底的方式遮盖这些瑕疵，从而使肤色统一，妆面干净。刷粉底除了能够使肤色协调，还可以结合立体打底的方式让妆容更加立体、精致。拥有一个成功的底妆，是打造完美妆容的基础。

如何鉴定底妆的品质

　　（1）粉底是否均匀。均匀的底色能够让五官看上去更立体，妆面更干净。

　　（2）粉底的厚度是否合适。过厚的粉底会让底妆显得不通透，有种戴面具的感觉，过薄的粉底又会让脸上的瑕疵过于明显。厚度适中的底妆加上局部的瑕疵修饰，会让底妆更精致。

　　（3）粉底的色彩是否符合妆面需求。例如，新娘妆的底妆以粉嫩、自然为好，而有些时尚妆容的底妆要处理成小麦色。

粉底的种类

　　粉底膏：粉底膏的优点是遮瑕效果比较好，缺点是处理不好就会使妆容显得比较厚重。不同品牌的粉底膏的品质存在很大差别，同时粉底膏的细腻程度对妆感影响很大。

　　粉底液：相对于粉底膏，粉底液更加细腻、水润。粉底液可以更好地贴合皮肤，表现清透的皮肤质感。

　　BB霜：BB霜的质感介于粉底膏与粉底液之间，很多人用BB霜代替粉底液。因为很多品牌的BB霜涂抹在脸上会发灰，所以需要仔细挑选。

如何选择合适的粉底

　　选择粉底的首要条件是选择适合肤色的粉底。过浅的粉底与本身的肤色叠合很容易造成发青的肤色，显得病态，过深的粉底则会显得肤色暗沉。如果想让肤色看上去自然、白嫩，可以选择比自己肤色略白一号的粉底，色号差距不要太大。

　　根据自己想表现的质感来选择粉底。如果面部的瑕疵比较多，可以选择粉底膏来化底妆。如果想体现自然通透的感觉，可以选择粉底液来化底妆。如果只是想调整肤色，可以选择适合自己肤色的BB霜。其实选择什么材质的粉底是有相对性的，品质好的粉底膏打造出来的底妆也许比品质差的粉底液更通透。

用粉底液打底

　　涂抹粉底液的工具具有多样性。每一种工具都有自己的优缺点。

　　手：优点是手指和面部皮肤具有大致相同的温度，能使粉底液与皮肤很好地贴合，能在用少量粉底液的情况下将整个面部的底妆处理得自然通透。缺点是用手涂抹粉底液时，对手指的纹路有较高的要求；个别客户会有不卫生、不舒服的心理担忧。

粉底刷：用粉底刷处理粉底液是目前常用的一种刷粉底液的方法，缺点是若手法不够熟练容易涂抹过厚，或者产生衔接不均匀的纹路。

粉底扑：一般会选择密度大的粉底扑来刷涂粉底液，因为密度小的粉底扑很容易吸收粉底液，并且均匀的程度很难控制。

用粉底膏打底

用粉底膏打底时要注意在不同的位置应用不同的手法，用粉底膏打底一般会用到滚动按压、点压、轻擦、揉擦等手法。那么这些手法应运用在什么位置呢？下面是具体的介绍。

（1）在面部大面积打底的时候，用滚动按压的方式，当处理一些容易起皮的位置或者不好用滚动按压的角度时，可以用点压的方式来打底。

（2）上眼睑位置的打底采用轻擦的方式进行。

（3）下眼睑的眼周位置同样采用轻擦的方式进行打底，因为眼周的皮肤比较脆弱，所以轻擦的方式更适合。

（4）鼻窝的位置不容易涂抹到粉底膏，用揉擦的方式能更好地避免这个问题。

（5）唇角的位置可以用轻擦和揉擦相结合的方式进行打底。

（6）面颊侧面阴影的位置可以采用轻擦、点压的方式进行打底。

下面是标准粉底液打底的步骤及分析讲解。

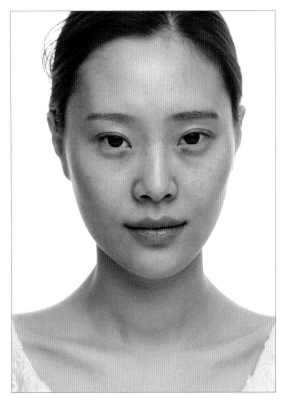

底妆处理前   底妆处理后

<u>01</u> 用保湿喷雾对面部进行保湿滋润
处理。

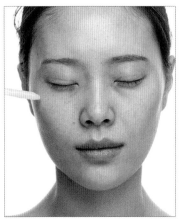

<u>02</u> 待保湿喷雾被吸收好后，用水亮
保湿精华对面部做进一步的滋润处理。

<u>03</u> 用提亮液调整肤色，然后用美妆
蛋将提亮液按压伏贴。

<u>04</u> 用标准粉底刷将粉底液涂抹在额头、面颊和下巴处。

<u>05</u> 用标准粉底刷将额头的粉底液刷涂均匀。

<u>06</u> 用标准粉底刷将面颊和下巴的粉底液刷涂均匀。

<u>07</u> 用标准粉底刷将鼻翼两侧的粉底液刷涂均匀。

<u>08</u> 用标准粉底刷将唇角两侧的粉底液刷涂均匀。

<u>09</u> 用标准粉底刷刷涂上眼睑的粉底液。粉底液量要少，在保证遮瑕效果的同时尽量做到薄而透。

<u>10</u> 用标准粉底刷将下眼睑的粉底液刷涂均匀，力度要较小。

<u>11</u> 在鼻侧区域刷涂少量暗影膏，使鼻子更加立体。

<u>12</u> 在面颊侧面刷涂暗影膏，使面部更加立体。

13 在 V 字区域刷涂比基础粉底液浅一号的粉底液或粉底膏，进行提亮。

14 在颧骨区域刷涂比基础粉底液浅一号的粉底液或粉底膏，进行提亮。

15 在下巴区域刷涂比基础粉底液浅一号的粉底液或粉底膏，进行提亮。

16 用圆形口散粉刷蘸取蜜粉对面部进行定妆。

17 用蜜粉扑蘸取蜜粉对下眼睑进行轻柔定妆。

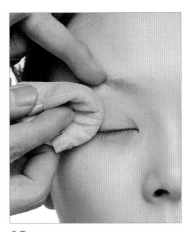

18 用蜜粉扑蘸取蜜粉对上眼睑进行轻柔定妆，尽量将靠近睫毛根部的位置定妆到位。

19 用蜜粉扑对鼻翼两侧进行定妆。

20 用蜜粉扑对唇角两侧进行定妆。

21 用提亮粉对 T 字区域进行提亮。

<u>22</u> 用提亮粉对 V 字区域进行提亮。

<u>23</u> 用提亮粉对颧骨区域进行提亮。

<u>24</u> 用提亮粉对下巴区域进行提亮。

<u>25</u> 用宽口细节暗影刷蘸取暗影粉加深鼻侧区域，使鼻子更加立体。

<u>26</u> 用暗影粉加深面颊两侧，使面部更加立体。

1.6 眉毛

如果说眼睛是心灵的窗户，那么眉毛就是这扇窗户的窗框。这个比喻也许缺乏美感，但是比较形象。处理不当的眉形往往会导致处理得很漂亮的眼妆失色很多。

1.6.1 修眉与画眉工具

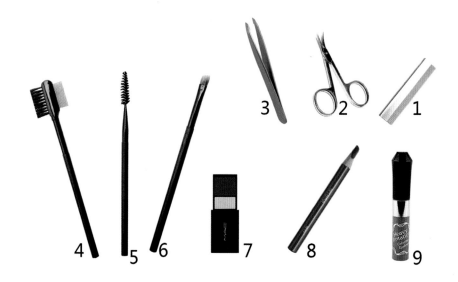

工欲善其事，必先利其器，首先我们应对处理眉毛的工具有一些具体的了解。

（1）修眉刀片：主要用来调整眉毛的宽度。对技术不熟练的化妆造型师而言，用修眉刀片修眉是风险很大的修眉方法，因而要选择适合自己手感的修眉刀片，便于操作。

（2）剪刀：用来修剪过长的眉毛。有些眉毛显得过宽、过浓并不是由宽度造成的，而是由眉毛过长、过密造成的。

（3）镊子：用来拔眉毛，是之前常用的修眉工具，现在很少使用。用镊子拔眉毛会给人带来痛感，而且会引起皮肤发红，长时间使用会使眼部皮肤下垂。

（4）眉睫刷：用来梳理眉形，可搭配剪刀使用，便于修剪眉毛。

（5）螺旋扫：用来清理眉毛里残存的杂眉，梳理眉形，有时候还可以用来清理睫毛。

（6）眉扫：用来蘸取眉粉，描画眉形。

（7）眉粉：用来加深眉色，适合比较完整的眉形，也可与眉笔搭配着调整眉形。

（8）眉笔：有深棕色、浅棕色、灰色、黑色等色号，根据妆容的需要选择合适的色号，比较适合处理眉毛的细节及补充眉毛的断层。

（9）染眉膏：用来改变眉毛的颜色，以呈现不同的妆感。

1.6.2 修眉的方法

修眉一般在上底妆之前，这样方便其他步骤的进行。

用修眉刀片修眉的方法

皮肤都是有褶皱的，没有人的皮肤像纸一样平滑，所以在修眉的时候一定要拉平皮肤，不然不是在修眉毛，而是在刮皮肤且很容易刮伤。修眉的时候要把握刀片的角度，刀片与皮肤之间的角度一般在15°之内，这样不管是横向、纵向，还是大面积、小面积都能进行很好地修理。只是对于一些比较难控制的角度，需要比较娴熟的技术。刀片一般只做眉毛轮廓的修整。

01 提拉皮肤，用修眉刀片修理眉毛上方的杂眉。　**02** 提拉皮肤，用修眉刀片修理眉毛下方的杂眉。　**03** 调整修眉刀片角度，修理眉头的杂眉。

用剪刀修眉的方法

剪刀需搭配眉睫刷使用。用眉睫刷梳理眉毛，然后把过长的眉毛用剪刀剪掉。除了能修理眉毛的长度，用剪刀还能调整眉毛的密度，对眉毛进行打薄，使眉毛看起来更自然，如可以修整生硬的眉头，使其更自然。

1.6.3 标准眉形及其画法

标准眉形的比例

标准眉形的比例是眉峰在整个眉毛的 2/3 位置。眉峰颜色最深，眉尾的颜色比眉峰浅，眉头的颜色最浅。眉峰自然拱起，眉头和眉尾在同一水平线上。

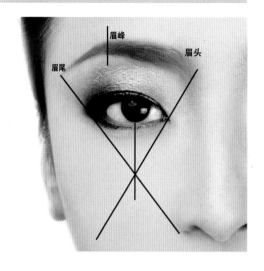

眉毛基本画法

01 用螺旋扫将眉毛中的杂眉及残粉清除干净。

02 用染眉膏将眉毛染淡。

03 用眉笔向颞骨方向拉长眉形。

04 用眉笔加深描画眉峰。

05 用眉笔补充描画眉头。

06 完成效果。

1.6.4 不同眉形的特点

眉形可以起到调整脸形的作用，可以利用眉毛对脸形做出适当的调整。脸形过长，眉毛可以处理得平缓些；脸形过短，眉毛则可以挑起些；上窄下宽的脸形，眉峰则可以后移一些等。

眉形同时也可传达人的情感，不同的眉形可展现不同的性格及年龄特点，我们可以很好地利用这一特性来达到妆容效果。

剑眉

剑眉没有明显的眉峰，以30°~45°角向斜上方倾斜，可表现硬朗、英气的感觉，适合比较中性的妆容。

平缓眉

平缓眉表现的是年轻、可爱的感觉，比较适合天真、可爱类型的妆容。

标准眉

眉峰处在眉头至眉尾的2/3处，眉峰颜色最深，眉尾次之，眉头最浅，这样的眉形称为标准眉形。标准眉形适合大部分的妆容，但是缺少个性。

弧形眉

弧形眉分为小弧形眉和大弧形眉。此处展示的是小弧形眉。小弧形眉的眉峰在整个眉毛的1/2处，眉毛粗细基本一致，眉形一般处理得很细，适合表现古典的妆容；大弧形眉与小弧形眉的差别是大弧形眉眉峰的高度要高很多，适合比较夸张的妆容，同时线条感比较强，适合欧式妆容。

一字眉

一字眉没有眉峰，微微斜向上，与剑眉相比长度较短，眉尾较粗，是很男性化的眉形，女性也可以画这样的眉形，以表现桀骜不驯的气质。

挑眉

挑眉的眉峰一般比标准眉靠前，眉形偏细，具有戏剧性的效果，比较适合表现成熟、妖娆、性感的妆容，不太适合年龄比较小的人。

1.7 腮红

1.7.1 腮红概述

腮红又称胭脂，使用后会使面颊呈现健康、红润的状态。如果说眼妆是脸部妆容的焦点，口红是化妆包里不可或缺的要件，那么，腮红就是修饰脸形、美化肤色的绝佳工具。

大部分人在化妆的时候最不重视的应该就是腮红了，画腮红看似简单，其实有很多学问。虽然每个人都能画腮红，但大部分情况下并没有充分利用腮红的特性，只是给脸部做了润色而已，而处理不佳的腮红甚至连润色、提升妆面美感的基本效果都没达到。

通常，我们称刷腮红为晕染腮红，"晕染"两个字非常关键，在画腮红的时候，要注意自己动作的弧度及流畅性，戛然而止或者不够圆润、流畅的方式，很难画出有自然美感的腮红。

腮红产品种类

在处理腮红的时候，根据自己的需求选择合适的产品种类是非常关键的一个环节。

腮红膏

腮红膏主要用来做定妆之前的腮红处理，处理好之后再刷散粉，就会有一种皮肤由内透出的自然红润的感觉。有时候有人把唇膏作为腮红膏的替代品，这在一定程度上也能达到一定的效果。

腮红粉

腮红粉的色彩像眼影一样丰富，应根据需要选择合适的色彩。腮红的色彩普遍是暖色和中性色，用眼影代替腮红也是常见的情况；如果皮肤比较粗糙，应尽量选择专业的腮红，因为腮红的粉质比眼影更细腻，能更好地与皮肤贴合。

光感腮红

光感腮红除了可使肤色红润，还可以缔造更闪亮的光泽感，这是光感腮红中亮泽的矿物颗粒的作用，烤粉腮红就具有光感腮红的这一特点。

腮红的位置

对于不同的脸形，腮红的中心位置会有不同，而合理的定位是画腮红的第一步。有一种简单的腮红定位方法：微笑，以面颊的最高点为腮红的中心，在耳朵前方至太阳穴的区域涂抹即可。当然，还有些其他的腮红处理方法，主要是为了表现腮红所呈现的妆感。接下来介绍的蝶式腮红就属于这种类型。

1.7.2 腮红的类型及画法

腮红的画法因为每年流行的不同会有所区别，以下是几种常见的画腮红方式。

圆圈腮红

圆圈腮红主要用来表现可爱的感觉，通常适合年龄感比较小的人。

蝶式腮红

蝶式腮红晕染的面积比较大，会晕染下眼睑及颧骨的位置，表现形式比较夸张，且充满创意。

横向腮红

横向腮红适合脸形较长的人，可以让脸形在横向上饱满、纵向上变短。

颊侧腮红

颊侧腮红可让圆润的脸看起来较瘦长。画颊侧腮红时应选择颜色较深的腮红，如砖红色、深褐色，刷在面颊的外围，范围可略微向内延伸到颧骨的下方。颊侧腮红会让脸形看起来更立体。

扇形腮红

扇形腮红的面积较大，不仅能修饰脸形，还能烘托气色。腮红的位置在太阳穴、笑肌、耳朵下方三者构成的扇形区域。注意刷腮红的方向，要从颊侧往两颊中央上色，这样才能让最深的腮红颜色落在颊侧的位置，以达到修饰脸形的目的。

斜线腮红

斜线腮红是以斜向下的斜线方向进行晕染的腮红，能够使脸形显得更为消瘦。斜线腮红对脸形本身已经很小、过于骨感的人不太适用，会让脸形不够柔和。斜线腮红有瘦脸的效果，比较适合脸形圆润、想在纵向上拉伸脸形的人，是在比较时尚的妆容中的常见画法。

1.8 眼妆

1.8.1 眼妆概述

在化妆时，大多数时间都用在眼妆的处理上。都说眼睛是心灵的窗户，很显然，眼妆的塑造是处理妆面时十分重要的一个环节。其实所有眼妆都是从基本眼妆演变而来的，所以不管想做出多么炫目、个性的眼妆，对基本处理技法的掌握都是非常必要的。

在决定选择某一种眼妆之前，要考虑一些必要的因素，只有选择正确的眼妆表现形式才能达到理想的妆面效果。因为个体之间存在很大的差异，所以在选择眼妆表现形式上要有所区别。那么，在确定眼妆表现形式之前都要考虑哪些因素呢?

（1）眼妆是否适合所要表达的妆面的整体风格。例如，有些眼妆比较夸张，想表现淡雅、自然的妆容时就不能选择这样的眼妆。

（2）眼妆是否适合模特的眼部比例和皮肤组织结构。例如，有些模特眉眼间距过近或者是肿眼泡，那么有些眼妆就不能选择，否则得到的效果也不会理想。

（3）眼妆与模特的气质是否吻合。例如，比较妩媚、显成熟的眼妆就不适合脸形和气质都比较显小的模特。

当然还有其他问题是我们要考虑的，如模特的喜好等。所要面对的情况不一而足，我们要在面对具体情况的时候全方位地思考问题。

除了常见的眼妆表现形式，还有很多富有创意的眼妆表现形式。本节通过介绍 20 种眼妆表现形式来阐述眼妆的变化，当然眼妆的变化不仅有这些，还有更多的表现形式，这也是眼妆的魅力所在。

1.8.2 平涂眼妆

平涂眼妆是基本的眼妆表现形式。顾名思义，就是在上眼睑处均匀地涂一层眼影，同时眼影的色调要保持一致，面积的大小和色彩根据自己想表现的妆感决定。平涂眼妆一般用在淡雅的妆面，或眼睛形状比较完美只需通过色彩加以润色的妆容上；眼睛比较肿的人不是很适合这种眼妆，因为其缺少层次感，而且平涂暖色还会使眼睛有更肿的感觉。

01 在上眼睑位置用珠光白色眼影提亮。

02 在上眼睑位置用金棕色眼影晕染。

03 将眼影边缘过渡得自然柔和。

04 在上眼睑靠近睫毛根部的位置晕染金棕色眼影。

05 在下眼睑位置晕染金棕色眼影。

06 提拉上眼睑皮肤，用眼线笔紧贴睫毛根部描画眼线。

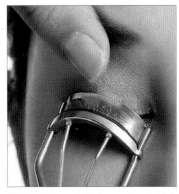

07 提拉上眼睑皮肤，用睫毛夹将睫毛夹卷翘。

08 用睫毛膏自然刷涂睫毛。

09 用眉笔自然描画眉形，使其完整、流畅。眼妆处理完成。

1.8.3 渐层眼妆

　　渐层眼妆是在平涂眼妆的基础上从睫毛根部开始用相同色彩或同色系较深的色彩向上过渡，形成自然变淡的效果。有时也用容易融合产生新色彩的较深的颜色加以过渡。多采用原色与间色，如黄色与绿色结合的渐变效果、绿色与蓝色结合的渐变效果等。渐层眼妆相对于平涂眼妆会更有层次感，比较适合眼睛相对不够立体的模特，或者想让眼妆更生动、更有层次感的妆容。

01 在上眼睑位置用珠光白色眼影提亮。

02 在上眼睑位置用金棕色眼影晕染过渡。

03 在下眼睑位置用金棕色眼影晕染过渡。

04 提拉上眼睑皮肤，晕染暗红色眼影，面积小于金棕色眼影。

05 用暗红色眼影晕染下眼睑，面积小于金棕色眼影。

06 提拉上眼睑皮肤，用黑色眼线笔描画眼线。

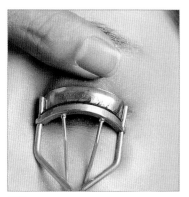

07 提拉上眼睑皮肤，用睫毛夹将睫毛夹卷翘。

08 用睫毛膏自然刷涂睫毛。

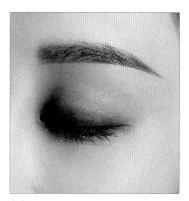

09 用眉笔自然描画眉形。眼妆处理完成。

1.8.4 两段式眼妆

两段式眼妆可以用大地色或其他同色系眼影，使眼部更具有立体感。

01 在上眼睑位置用亚光白色眼影提亮。

02 在下眼睑位置用亚光白色眼影提亮。

03 在上眼睑前半段位置晕染金棕色眼影。

04 在上眼睑后半段位置晕染蓝灰色眼影。

05 在下眼睑后半段晕染蓝灰色眼影。

06 用黑色眼线液笔描画眼线。

07 将睫毛夹卷翘后用睫毛膏刷涂上睫毛。

08 用睫毛膏刷涂下睫毛。

09 用眉笔描画、补充眉形。眼妆处理完成。

1.8.5 三段式眼妆

　　三段式眼妆不仅可以用红、黄、蓝三种原色，还可以采用饱和度低的色彩，通过眼头和眼尾加深，中间提亮的方式形成立体的三段式眼妆效果。

01 在眼头位置晕染金棕色眼影。

02 在眼尾位置晕染暗红色眼影。

03 在上眼睑中间位置晕染浅金棕色眼影。

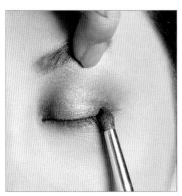

04 在眼尾位置加深晕染暗红色眼影。

05 在眼头位置加深晕染金棕色眼影。

06 在下眼睑位置晕染暗红色眼影。

07 用眼线液笔自然描画眼线。

08 将睫毛夹卷翘，提拉上眼睑皮肤，刷涂睫毛膏。

09 用眉笔自然描画眉形。眼妆处理完成。

1.8.6 小欧式眼妆

　　小欧式眼妆又名小倒勾眼妆，是从眼尾位置开始沿双眼皮褶皱线向内眼角画一条结构线，直至眼球中间位置，并以该结构线为基准做层次过渡。不能采用颜色过浅的眼影做过渡，否则会显脏而且不容易描画出层次感。

01 在上眼睑位置晕染珠光白色眼影。

02 用眼线笔描画上眼线，同时描画下眼睑眼尾位置的眼线。

03 在上眼睑位置晕染少量金棕色眼影。

04 处理好真假睫毛，继续用眼线笔描画上眼线。

05 在双眼皮褶皱处描画一条与上眼线眼尾衔接的线，即结构线。

06 用亚光咖啡色眼影沿结构线向上自然晕染。

07 用亚光暗红色眼影继续将眼影边缘晕染开。

08 在下眼睑位置用少量亚光咖啡色和暗红色眼影晕染过渡。

09 描画、补充眉形，使其更加流畅、自然。眼妆处理完成。

1.8.7 小烟熏眼妆

　　小烟熏眼妆和渐层眼妆在眼影的处理方法上相似。小烟熏眼妆的层次渐变感更强烈，没有明显的眼线，颜色自睫毛根部向上如烟雾般扩散直至消失。黑色是小烟熏眼妆不可或缺的颜色，能使渐变感更强烈。影楼妆容造型中，小烟熏眼妆的下眼线和眼影比较自然；时尚妆容造型中，小烟熏眼妆的下眼线和眼影贯穿整个下眼睑，层次过渡分明。紫色、金棕色、黑色是小烟熏眼妆的常用颜色。

01 处理好真睫毛，粘贴假睫毛。

02 在下眼睑位置晕染亚光咖啡色眼影。

03 在上眼睑位置晕染亚光咖啡色眼影。

04 自上眼睑睫毛根部向上晕染深金棕色眼影，面积小于亚光咖啡色眼影。

05 在下眼睑位置晕染深金棕色眼影，面积小于亚光咖啡色眼影。

06 在上眼睑靠近睫毛根部位置用少量黑色眼影向上晕染过渡。

07 在下眼睑位置用少量黑色眼影晕染过渡。然后在下眼睑及上眼睑位置用浅金棕色眼影晕染边缘。

08 用眉笔描画、补充眉形，使其更加完整、流畅。

09 眼妆处理完成。

1.8.8 大烟熏眼妆

大烟熏眼妆与小烟熏眼妆相比眼影面积更大，甚至扩散到整个眉眼之间。除了正常的处理方法，有时为了表现冷酷的妆感，可将眼影扩散至鼻根位置。拉长眼尾、表现妩媚的后移式烟熏妆是大烟熏眼妆的创意表现，这种眼妆比较夸张，一般用在一些时尚妆容和创意创作类妆容中。

01 将真睫毛夹卷翘，描画上眼线并在上眼睑睫毛根部粘贴假睫毛。

02 用黑色眼线笔在整个下眼睑描画眼线。

03 用黑色眼影在上眼睑位置晕染过渡。

04 用黑色眼影在下眼睑位置晕染过渡。

05 用暗红色眼影与上眼睑的黑色眼影叠加并向上晕染过渡。

06 继续向上晕染眼影。

07 用较为蓬松的眼影刷将眼影边缘晕染过渡自然。

08 在下眼睑位置用暗红色眼影晕染过渡。

09 用咖啡色眉笔补充描画眉形。

1.8.9 线欧眼妆

线欧眼妆是通过描画一条欧式结构线塑造的眼妆效果，一般这条结构线以彩色居多。线欧眼妆在时尚妆容造型中使用较多。

01 处理好真睫毛并粘贴好假睫毛，用黑色眼线液笔描画眼线。

02 勾画内眼角位置的眼线。

03 用玫红色水溶油彩在黑色眼线基础上描画眼线。

04 用玫红色水溶油彩在上眼睑上方描画一条欧式结构线。

05 用紫色水溶油彩描画加深玫红色眼线。

06 用紫色水溶油彩描画加深欧式结构线。

07 在眼线与欧式结构线之间的区域用珠光白色眼影晕染提亮。

08 在下眼睑位置晕染蓝灰色眼影。

09 用眉粉补充描画眉形。

1.8.10 假双眼妆

　　假双眼妆适合单眼皮或者双眼皮褶皱线非常浅的人。假双眼妆能在视觉上制造双眼皮的假象。这种眼妆非常不适合近距离摄影，更不适合作为生活类妆容造型和新娘妆容造型。

01 处理好真睫毛，用镊子粘贴假睫毛。

02 在上眼睑位置用眼线笔描画上眼线，并根据需要的宽度描画一条双眼皮结构线。

03 描画下眼线。

04 在上眼睑双眼皮结构线位置用蓝灰色眼影向上晕染过渡。

05 在下眼睑位置晕染蓝灰色眼影。

06 用黑色眼影自双眼皮结构线向上晕染过渡。

07 在上眼睑眉弓位置用少量珠光白色眼影晕染提亮。

08 在双眼皮结构线和上眼线之间的区域用珠光白色眼影晕染。

09 用咖啡色眉笔描画眉形。

1.8.11 大欧式眼妆

　　大欧式眼妆又名大倒勾眼妆，是在眼窝的位置自眼尾向内画一条结构线，以该结构线为基准做层次的过渡，经常采用墨绿色、棕色、黑色作为过渡的颜色。大欧式眼妆能制造出眼窝凹陷的感觉，很适合欧式的华丽、大气妆容，也适合一些创作，以及表现气质感、时尚感的旗袍造型。大欧式眼妆一般搭配比较高挑的眉形。眉眼间距过近的人不建议化这种眼妆，否则会显得眉眼间距更近；眼睛过肿的人也不建议化这种眼妆，否则不容易表现立体感。

01 粘贴好假睫毛，在上眼睑位置用黑色眼线液笔描画眼线。

02 在下眼睑位置用黑色眼线笔描画眼线。

03 用黑色眼影在眼窝位置画一条结构线。

04 在眼尾位置用黑色眼影加深晕染。

05 用亚光暗红色眼影对结构线进行晕染过渡。

06 在下眼睑位置用亚光暗红色眼影晕染过渡。

07 用黑色眼影对结构线进行适当加深、晕染。

08 用珠光白色眼影提亮眉弓位置。

09 描画一条较细的眉形。对结构线和眼线之间的区域用浅金棕色眼影晕染提亮。

1.8.12 幻彩眼妆

幻彩眼妆又名蝶式眼妆、炫彩眼妆，用饱和度比较高的色彩塑造出眼部妆容色彩斑斓的效果。在表现舞台妆时可以使用幻彩眼妆，以体现妆容华丽的视觉效果。因为幻彩眼妆过于突出，所以在表现整体造型的时候要谨慎。

01 粘贴好假睫毛，用黑色眼影在上下眼睑位置晕染，使眼部轮廓更加清晰。

02 在眼周位置大面积晕染黄色眼影。

03 在上眼睑后半段小面积晕染红色眼影。

04 在眉头位置小面积晕染玫紫色眼影。

05 在上眼睑眼尾及下眼睑位置晕染紫色珠光眼影。

06 在上眼睑位置晕染珠光橘色眼影。

07 在下眼睑位置用珠光橘色眼影晕染过渡。

08 在上眼睑位置用黑色眼线液笔描画眼线。

09 用咖啡色眉笔补充描画眉形。

1.8.13 前移眼妆

前移眼妆即将眼影重点放在内眼角方向的眼窝位置，通过眼影的加深晕染塑造眼窝深邃感的一种眼妆，其一般会用在时尚妆容造型中。

01 处理好真睫毛，在上眼睑位置紧贴睫毛根部粘贴假睫毛。

02 在内眼角方向的眼窝位置晕染亚光红色眼影。

03 在上眼睑位置大面积晕染亚光红色眼影。

04 在下眼睑位置晕染亚光红色眼影。

05 在上眼睑位置用少量黑色眼影加深、晕染过渡。

06 在下眼睑位置用少量黑色眼影加深、晕染过渡。

07 用黑色眼影对内眼角方向的眼窝位置进行重点加深。

08 用黑色眼线液笔描画眼线。

09 用咖啡色眉笔描画眉形，使眉形更加完整。

1.8.14 后移眼妆

后移眼妆通过晕染眼影在眼尾位置塑造眼妆的重点，以形成立体、艳丽的时尚眼妆效果。

01 处理好真睫毛，在上眼睑位置紧贴睫毛根部粘贴假睫毛。

02 用亚光暗红色眼影对上眼睑中间及眼尾位置进行晕染，让眼影呈自然上扬的效果。

03 在上眼睑内眼角位置用深金棕色眼影晕染，并与亚光暗红色眼影衔接。

04 在上眼睑位置用金棕色眼影对画好的眼影边缘进行晕染过渡，使眼影更加柔和自然。

05 在下眼睑位置用亚光暗红色眼影晕染，然后用少量深金棕色眼影过渡。

06 在上眼睑靠近睫毛根部的位置用黑色眼影加深晕染。

07 用黑色眼线液笔描画眼线。

08 在眼尾位置用黑色眼影加深晕染。

09 用咖啡色眉笔描画眉形。

1.8.15 猫眼眼妆

猫眼眼妆是一种时尚眼妆的处理手法，通过黑色线条走向塑造凌厉的感觉，通过白色与黑色的对比使眼妆具有更强的视觉感。

01 处理好真睫毛，粘贴假睫毛。

02 用眼线笔在上下眼睑位置描画眼线，眼头和眼尾不要衔接在一起。

03 在下眼睑位置用黑色眼影将眼线晕染过渡自然。

04 在上眼睑位置晕染黑色眼影，并对眼尾进行局部加深晕染。

05 在上眼睑位置描画一条自然上扬的结构线。

06 在上眼睑位置用黑色眼线液笔加深描画眼线。

07 在下眼睑位置用黑色眼线液笔加深描画眼线。

08 在眼头和眼尾位置用珠光白色眼影描画、晕染。

09 用黑色眉笔补充描画眉形。

1.8.16 彩绘眼妆

彩绘眼妆的表现形式多种多样，可以是抽象的线条条纹，也可以是具象的图案，如花朵图案等。

01 粘贴好假睫毛，用黑色眼线液笔描画眼线。

02 用红色眼线笔淡淡地描画花形线条。

03 用红色水溶油彩加深描画眼尾位置的花形线条。

04 用红色水溶油彩继续加深描画剩余线条。

05 用暗红色眼影在下眼睑及眼头位置进行晕染。

06 用暗红色眼影对眼窝内侧位置进行晕染。

07 用黑色眼影对下眼睑及眼头位置进行加深晕染。

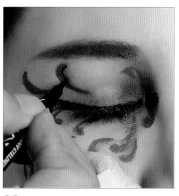

08 用黑色眼线液笔描画花形线条一侧边缘。

09 继续用黑色眼线液笔进行描画。

1.8.17 涂鸦眼妆

涂鸦眼妆是一种时尚创意眼妆的表现手法，一般会用油彩来描画，应注意图案的随意感和色彩的搭配，以产生如涂鸦画的感觉。

01 在上眼睑位置少量晕染黑色眼影。

02 在下眼睑位置晕染珠光白色眼影。

03 在下眼睑位置用黑色眼线液笔描画。

04 提拉上眼睑皮肤，用睫毛膏适当刷涂睫毛。

05 在上眼睑位置刷涂蓝色油彩。

06 在上眼睑眼尾位置刷涂黑色油彩。

07 在蓝色和黑色油彩中间区域刷涂黄色油彩。

08 用黑色眉笔描画眉形。

09 加深描画眉形，使眉尾和油彩衔接在一起。

1.8.18 贴饰眼妆

　　贴饰眼妆通过粘贴饰物来塑造眼妆的特殊效果，一般粘贴花朵和彩钻等饰物。很多时尚妆容造型和新娘妆容造型都会用贴饰眼妆。

01 在上眼睑位置晕染淡淡的橘色眼影。

02 在下眼睑位置晕染少量的橘色眼影。

03 在上眼睑位置用少量红色眼影加深。

04 在下眼睑中间及眼尾位置用红色眼影加深。

05 在下眼睑内眼角位置用珠光白色眼影向后描画，使其与红色眼影衔接。

06 在眼尾外侧位置用睫毛胶水粘贴干花。

07 继续粘贴干花。

08 在眉头位置粘贴干花。

09 在眉毛上粘贴干花。

1.8.19 局部修饰眼妆

　　局部修饰眼妆一般看起来很自然，只是在眼尾位置向内眼角方向涂抹眼影，大概在眼球中间位置以变淡的形式结束。局部修饰眼妆比较适合眼睛形状比较好的人，可让眼部适当有一些立体感。双眼皮褶皱线比较明显的人适合这种眼妆，单眼皮的人不是很适合，因为单眼皮所画的眼影面积有限，甚至会造成眼妆不够完整的感觉。

01 在上眼睑位置晕染金棕色眼影。然后在上眼睑靠近眼尾位置晕染少量亚光红色眼影。

02 在下眼睑位置晕染金棕色眼影。

03 在上眼睑位置用黑色眼线笔描画眼线。

04 在下眼睑后半段位置用少量亚光红色眼影加深。

05 在上眼睑眼尾位置晕染亚光暗红色眼影，局部位置晕染少量亚光咖啡色眼影，使眼尾位置更加立体。

06 在下眼睑靠近眼尾位置用亚光暗红色眼影和亚光咖啡色眼影加深晕染。

07 处理好真睫毛，粘贴假睫毛。

08 用眉笔描画眉形。

09 眉形描画得比较平直，眉尾适当拉长。

1.8.20 啫喱眼妆

啫喱眼妆是一种湿眼妆，可以用啫喱膏或者唇彩等来塑造。

01 在上眼睑位置晕染浅金棕色眼影。

02 在上眼睑位置刷涂啫喱膏。

03 在啫喱膏基础上点缀颗粒状亮粉。

04 在下眼睑眼尾位置刷涂啫喱膏并点缀亮粉。

05 在眉毛上粘贴亮片。

06 在眼影上扬的位置粘贴亮片。

07 在眉毛上方粘贴亮片。

08 在内眼角位置粘贴亮片。

09 在眼尾下方粘贴亮片。

1.8.21 流星眼妆

流星眼妆是利用亮片塑造闪耀如星辰效果的眼妆，是一种时尚创意眼妆的表现手法。

01 用黑色眼线液笔描画上眼线并勾画内眼角。

02 用蓝色眼影晕染下眼睑位置。

03 用亚光红色眼影在眼窝位置晕染过渡。

04 用橘黄色眼影在眉弓位置晕染过渡。

05 在下眼睑位置用橘黄色眼影晕染过渡。

06 用黑色眼线笔在眼窝位置描画加深。

07 在下眼睑位置用黑色眼线液笔描画出假睫毛的效果。

08 用黑色眉笔描画眉形，使其更具有艺术感。

09 在上眼睑眼线和眼影中间区域适量刷涂啫喱膏，然后将亮片粘贴在刷涂啫喱膏的位置。

1.9 睫毛

1.9.1 假睫毛的类型及粘贴工具

假睫毛的类型多种多样，每一种都有自己的特点，以满足不同的眼妆需要。下面对一些常见的假睫毛类型和相关的工具做一下介绍。

弧形假睫毛

弧形假睫毛中间长，长度向两端自然过渡，越来越短。这种假睫毛适用于将眼睛画得比较圆、比较大的眼妆，不适用于拉长眼形的妩媚眼妆。

交叉型假睫毛

交叉型假睫毛的特点是可以使睫毛更具层次感和灵动性，但不符合睫毛的正常生长走向，是一种比较有特点的假睫毛。

自然型假睫毛

自然型假睫毛的疏密程度较为自然，可以与真睫毛更好地贴合。一般自然型鱼线梗假睫毛的真实度会更好。

前短后长型假睫毛

前短后长型假睫毛适合妩媚型眼妆，可使眼尾的睫毛呈现自然卷翘感，以起到拉长眼形的作用。

浓密型假睫毛

浓密型假睫毛相对较为夸张，适合一些妆感比较重的妆容，如舞台妆、创意妆等。

局部浓密型假睫毛

局部浓密型假睫毛兼具自然和浓密两个特点，其不仅自然、独特，而且能对眼形起到很好的调整作用。

纤长型假睫毛

纤长型假睫毛一般用在要重点表现睫毛夸张感的妆容中，也可以用在时尚妆容中。

下假睫毛

下假睫毛一般分为整条、簇状、根状等。整条下假睫毛大多是鱼线梗假睫毛，这样粘贴出来的效果更自然；簇状和根状下假睫毛能呈现更自然的效果，只是粘贴比较费时，且对手法要求较高。

羽毛假睫毛

羽毛假睫毛是一种比较夸张的假睫毛，一般用来打造舞台妆和创意妆。

镊子

镊子用来夹住假睫毛和加固假睫毛。当徒手操作不好完成时，可用镊子来完成相应的操作。

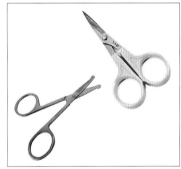

剪刀

剪刀可以用来调整假睫毛的长短和层次。

睫毛胶水

睫毛胶水是粘贴假睫毛的必备工具，不同种类睫毛胶水的特性略有不同。胶水干燥速度有快慢之分，要多尝试，以选择最佳时间进行粘贴，过干和过湿都会影响假睫毛的牢固度。

1.9.2 粘贴假睫毛的注意事项

（1）在粘贴假睫毛之前，一定要处理好真睫毛，以避免出现真假睫毛弧度不一致的现象。

（2）可以根据需要修剪假睫毛，使其富有层次感。如果要修剪假睫毛，则尽量在粘贴之前进行，因为粘贴后会有一定的危险性。

（3）有些假睫毛可以根据需要剪出合适的形状并使用。

（4）上假睫毛的睫毛胶水一般刷在线梗的侧面，胶水太靠上会使假睫毛过于卷翘，胶水太靠下会使假睫毛下垂。

（5）下假睫毛的粘贴要符合真睫毛的生长角度，不要平贴在眼睑上，否则会给人一种惊悚的感觉。

1.9.3 睫毛标准粘贴法

<u>01</u> 用睫毛夹将真睫毛夹卷翘。

<u>02</u> 为上睫毛刷涂睫毛膏。

<u>03</u> 为下睫毛刷涂睫毛膏。

<u>04</u> 取一片假睫毛。

<u>05</u> 将假睫毛一端的边缘线梗剪掉。

<u>06</u> 将假睫毛另外一端的边缘线梗剪掉。

<u>07</u> 将假睫毛两端轻轻对折，使睫毛弧度更自然。

<u>08</u> 在假睫毛上刷涂睫毛胶水。

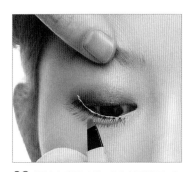

<u>09</u> 提拉上眼睑皮肤，准备粘贴假睫毛。

<u>10</u> 在中间位置将假睫毛根部紧贴真睫毛根部。

<u>11</u> 粘贴眼尾位置的假睫毛。

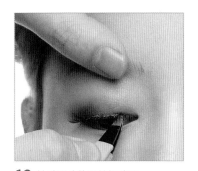

<u>12</u> 粘贴眼头位置的假睫毛。

<u>13</u> 轻轻按压，使假睫毛粘贴得更加牢固。

<u>14</u> 用睫毛膏向上刷涂睫毛，使真假睫毛结合得更加自然。

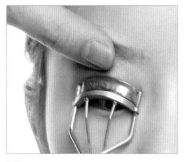

01 提拉上眼睑皮肤,用睫毛夹将睫毛夹卷翘。

02 刷涂睫毛膏,使睫毛更加卷翘自然。

03 取一片假睫毛。

04 将假睫毛两端的边缘线梗剪掉。

05 刷涂好睫毛胶水,准备粘贴假睫毛。

06 靠近真睫毛根部粘贴假睫毛。

07 取一片假睫毛,将假睫毛的一端剪掉一段。

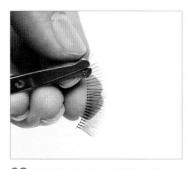

08 将假睫毛另外一端剪掉一段,保留中间位置。

09 刷好睫毛胶水,准备粘贴假睫毛。

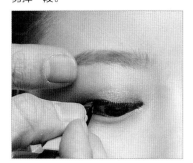

10 将假睫毛粘贴在上眼睑后半段位置。

11 用镊子夹住假睫毛向上轻抬,使其更加卷翘。

12 假睫毛粘贴完成。

1.9.5 睫毛局部粘贴法

<u>01</u> 取一片假睫毛。

<u>02</u> 将假睫毛剪断。

<u>03</u> 处理好真睫毛，刷涂睫毛膏。

<u>04</u> 在比较长的一段假睫毛上刷涂睫毛胶水。

<u>05</u> 提拉上眼睑皮肤，在上眼睑靠近眼尾的位置粘贴假睫毛。

<u>06</u> 用镊子夹住假睫毛轻轻上抬，使睫毛更加卷翘。

<u>07</u> 为另外一段假睫毛刷涂睫毛胶水。

<u>08</u> 准备粘贴假睫毛，第二层假睫毛与第一层部分重叠。

<u>09</u> 粘贴好假睫毛后适当按压，使假睫毛粘贴得更加牢固。

<u>10</u> 用镊子夹住假睫毛向上轻抬，使其更加卷翘。

<u>11</u> 假睫毛粘贴完成。

1.9.6 根状上睫毛粘贴法

01 取一片假睫毛。将假睫毛一簇簇地剪开。

02 将假睫毛剪开的效果。

03 处理好真睫毛，刷涂睫毛膏。

04 在剪开的假睫毛中选择比较长的刷涂睫毛胶水。

05 将假睫毛粘贴在靠近眼尾的位置。

06 以同样方式继续向前粘贴假睫毛，注意假睫毛的牢固度。

07 继续向前粘贴假睫毛，注意假睫毛角度。

08 继续向前粘贴假睫毛，其粘贴部位紧贴真睫毛根部。

09 继续向前粘贴假睫毛，越靠近内眼角位置睫毛越短。

10 粘贴好假睫毛后，调整好其角度及牢固度。

11 假睫毛粘贴完成。

1.9.7 分段下睫毛粘贴法

<u>01</u> 取一片下睫毛。将假睫毛适当对折，使其弧度自然。

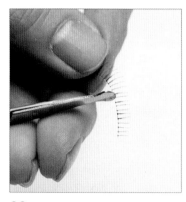

<u>02</u> 将假睫毛从中间剪断。

<u>03</u> 为其中一段假睫毛刷涂睫毛胶水。

<u>04</u> 在下眼睑后半段紧贴睫毛根部位置粘贴假睫毛。

<u>05</u> 为另外一段假睫毛刷涂睫毛胶水。

<u>06</u> 在下眼睑中间部位紧贴睫毛根部位置粘贴假睫毛。

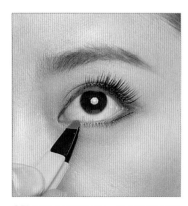

<u>07</u> 粘贴好假睫毛后，适当调整其弧度，使其更加自然。

<u>08</u> 假睫毛粘贴完成。

1.9.8 根状下睫毛粘贴法

<u>01</u> 取一片下睫毛，然后将其一簇簇地剪开。

<u>02</u> 取其中一簇刷涂睫毛胶水。

<u>03</u> 在下眼睑眼尾位置粘贴假睫毛。

<u>04</u> 继续以同样方式向前粘贴假睫毛。

<u>05</u> 继续向前粘贴假睫毛，假睫毛与假睫毛之间留出空隙。

<u>06</u> 以同样方式继续向前粘贴假睫毛。

<u>07</u> 越靠近内眼角位置粘贴的假睫毛越短。

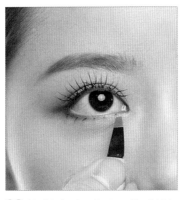

<u>08</u> 粘贴好假睫毛之后，对细节进行调整，使其更加自然。

<u>09</u> 假睫毛粘贴完成。

1.10 唇妆

1.10.1 唇妆概述

唇妆对妆面的完美度起到决定性的作用。或清纯，或妖艳，或优雅，或性感，唇能向我们传达很多心理感受。每一种唇妆都有适合自己的妆容，在打造妆容时，选择合适的唇妆，可谓锦上添花，可在很大程度上提升妆容的层次和格调。

唇的标准比例

唇的宽度一般不会超过双眼平视前方时眼球中心的垂直延长线间的距离，标准唇的宽度应为脸部宽度的1/2。上嘴唇厚度一般约为鼻孔下方到上下嘴唇结合处距离的1/3，唇峰位于鼻孔中心的正下方，唇角能够自然合拢。上下唇的厚度比例在2∶3到1∶1的范围内都是比较标准的唇形。

唇的色彩

唇的色彩对妆容的风格有很大影响，同样一款妆容搭配不同的唇色所呈现的感觉会有很大区别。下面以一款淡雅的妆容为例，来解析一下唇色对妆容风格的影响。

透明色：透明色唇妆使妆容呈现自然、淡雅、清新的感觉。与此款唇妆搭配，妆容裸透、自然。

粉嫩色：粉嫩色唇妆可以起到使肤色偏暖的作用。与此款唇妆搭配，妆容更加红润、自然。

橘色：橘色唇妆可以起到使妆容冷暖协调的作用。与此款唇妆搭配，妆容更加具有自然透亮的感觉。

玫红色：玫红色唇妆可以使肤色呈现暖色调的感觉。与此款唇妆搭配，妆容更加浪漫、唯美。

红色：红色唇妆具有喜庆、时尚的感觉，红色是经典的唇色。与此款唇妆搭配，妆容更加具有时尚感。

暗红色：暗红色唇妆冷艳、时尚、复古、高端，有一种距离感。与此款唇妆搭配，妆容呈现的感觉既时尚又复古。

蓝色：蓝色唇妆会使肤色呈现冷色调的感觉，是一种夸张的唇色表现方式。与此款唇妆搭配，妆容极具创意感。

黑色：黑色唇妆具有时尚、空灵、孤独、颓废的感觉。与此款唇妆搭配，妆容更加冷艳、魅惑、时尚。

除了唇妆不同，下面这些案例的妆容都是一样的。在观察唇妆的同时体会一下妆容的肤色和风格的变化，有助于我们更好地利用唇妆确定妆容的风格。

 提示

唇部矫正相关内容可参考"1.4 矫正化妆"部分。

1.10.2 晶莹唇

　　唇色淡雅而光感十足，在处理这种唇妆的时候，要注意做好唇部的滋润工作。一般在开始打底之前就会对唇用软化唇部的护理产品进行滋润，处理好妆容其他部分之后用棉签对唇进行清理。这种唇妆适合唇部轮廓比较好的人，不适合唇形不对称或者唇部过薄的人。在搭配自然型妆容的时候经常会使用这种唇妆。

晶莹唇打造过程

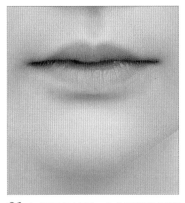

01 如果唇色较深，应先用裸色唇膏调整唇色。

02 在下唇涂抹淡橘色唇膏。

03 在上唇涂抹淡橘色唇膏。

04 将唇峰处理得圆润、自然。

05 在上下唇涂抹透亮的唇彩。

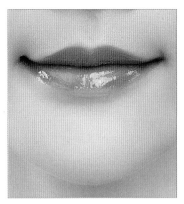

06 晶莹唇妆完成。

1.10.3 亚光唇

　　近年来，亚光唇膏非常流行，优雅的亚光红唇就是一个代表，很多艺人在红毯上都会选择这种唇妆。这种唇妆既优雅又时尚，在搭配妆容的时候，如果想突出唇妆，眼妆会处理得比较淡雅，有时只有一条具有复古感的眼线，而红唇搭配烟熏妆又会显得非常时尚、大气。亚光唇应用范围广泛，根据自己的需要来选择。在处理亚光唇的时候，要非常注意边缘轮廓线要清晰及唇形要基本对称，如果不能做好这两点，那么优雅的红唇很容易显得艳俗。

亚光唇打造过程

01 用亚光红色唇膏从唇角开始勾勒下唇边缘线，然后从唇中间位置勾勒上唇边缘线。

02 用亚光红色唇膏涂满唇部。

03 注意对唇角位置的勾勒，以使唇形轮廓更加饱满。

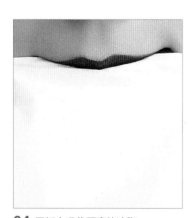

04 用纸巾吸收唇膏的油脂。

05 第二次涂抹唇膏，以增强唇的质感和饱和度。

06 亚光唇妆完成。

1.10.4 渐变唇（咬唇）

渐变唇又名咬唇，唇形边缘模糊，越靠内颜色越深，可以使唇看上去饱满。所运用的色彩不同，渐变唇呈现的妆感不同，如玫红色咬唇浪漫、可爱，暗红色咬唇时尚、性感。

渐变唇打造过程

01 在上下唇涂抹裸粉色唇膏调整唇色。

02 在下唇由内向外涂抹玫红色唇膏。

03 在上唇由内向外涂抹玫红色唇膏。

04 在上下唇用少量裸粉色唇膏过渡，使玫红色与裸粉色之间的过渡更自然。

05 在上下唇内侧继续涂抹玫红色或颜色更深的唇膏，以增加唇的层次感和立体感。

06 渐变唇妆完成。

1.10.5 妖艳唇

　　一般妖艳唇光泽感较强、唇色较深。首先选择合适的唇底色，处理好唇形之后，以唇高点为基准涂抹唇彩，注意不要整张唇涂抹，否则会在视觉上出现很不舒服的油腻感。

妖艳唇打造过程

<u>01</u> 用裸色唇膏调整唇色。

<u>02</u> 用暗红色唇膏描画唇轮廓线，并在轮廓线内进行涂抹。

<u>03</u> 将唇部涂满唇膏。

<u>04</u> 在下唇涂抹偏金棕色唇彩。

<u>05</u> 在上唇涂抹偏金棕色唇彩。

<u>06</u> 妖艳唇妆完成。

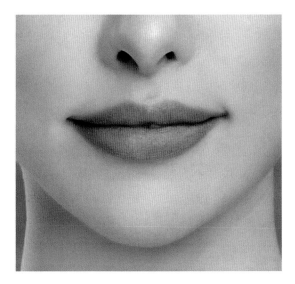

1.10.6 裸透唇

　　在处理一些较为时尚的妆容时经常使用裸透唇。有时候在条件有限的情况下，很多人会使用粉底膏代替肉色唇膏对唇色进行遮盖，其实这种方法非常不可取，因为粉底的质感很难和唇部的皮肤契合，很容易造成唇部纹路粗糙，显得唇妆不精致，因而建议选择符合唇色的唇膏进行遮盖。在直接用肉色唇膏打造裸透唇效果的时候，很可能会使唇部看起来苍白，而且不够性感，应首先用肉色唇膏模糊唇形，然后用略深的粉嫩色或者橘色在上下唇衔接处涂抹，这样可以使唇形看起来既性感又自然。

裸透唇打造过程

01 用亚光裸棕色唇膏涂抹下唇。

02 用亚光裸棕色唇膏涂抹上唇。

03 用棉签将唇边缘线涂抹开，使唇线模糊。

04 将透明唇彩点缀在唇上。

05 用唇刷将唇彩涂抹均匀。

06 裸透唇妆完成。

1.10.7 创意唇

　　创意唇一般用在彩妆的创作上，不好用一个概念去定义它，因为创意本身就是无限的。特殊质感和色彩的唇膏、油彩等产品处理的条纹感、色块的堆积，特殊材料的使用都能打造出创意感十足的唇妆。在有限的范围内创作出视觉感十足的唇妆，是对化妆师技术的一个考验。

创意唇打造过程

01 在下唇涂抹亚光红色唇膏。

02 在上唇涂抹亚光红色唇膏。

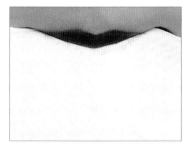

03 用纸巾吸收唇膏上的油脂。

04 在唇部涂抹红色唇釉。

05 用唇刷将唇釉涂抹均匀。

06 用眼线液笔在下唇描画线条。

07 线条要连贯并且具有流畅感。

08 在上唇用眼线液笔描画线条并与下唇呼应。

09 创意唇妆完成。

1.10.8 立体唇

    处理立体的唇形和处理立体的基础底妆是一个道理，都是通过深浅的变化来体现立体感。如果用一个颜色的唇膏来处理立体唇，要注意控制蘸取唇膏的量和笔触的力度；如果是采用多色唇膏，要注意色彩的渐进变化。有一支顺手的唇刷也非常必要。

立体唇打造过程

<u>01</u> 用亚光红色唇膏描画下唇边缘线。

<u>02</u> 用唇刷将整个唇边缘线描画出来。

<u>03</u> 将唇内涂满亚光红色唇膏。

<u>04</u> 用较深的红色唇膏涂抹上下唇的外侧，使其颜色加深。

<u>05</u> 用较浅的红色唇膏涂抹上下唇中间位置，使其颜色加深。

<u>06</u> 立体唇妆完成。

    以上介绍的不是所有的唇妆效果，更多、更特别的妆效需要我们不断地思考、创作。在决定用哪种唇妆之前，一定要基本确定眼妆的妆效，有些唇妆搭配妆容的时候会很容易色彩失衡或者妆感不够。除了拍摄时尚大片的时候，其他情况下注意眼妆和唇妆之间的协调程度及唇妆效果是否符合自己的需要。

1.11 认识色彩

色彩的分类

色彩可分为无彩色系和有彩色系两大类。

无彩色系：无彩色是指黑色、白色及不同深浅的灰色。

有彩色系：有彩色是指红色、橙色、黄色、绿色、青色、蓝色、紫色，以及由它们衍生出的其他色彩。

根据心理感受，色彩可分为冷色系和暖色系。

冷色系：蓝色、蓝紫色等色彩使人感到寒冷，所以被称为冷色。

暖色系：红色、橙色、黄色等色彩使人感到温暖，所以被称为暖色。

色彩的冷暖不是绝对的，而是相对的。同一色相也有冷暖之分，如蓝紫色与蓝色相比较暖，而与紫红色相比则较冷。

色彩的三要素

色相、明度、饱和度被称为色彩的三要素。

色相

色相是指色彩的相貌，就像人的相貌一样。通过色相可以区分色彩。光谱上的红色、橙色、黄色、绿色、青色、蓝色、紫色通常被用来作为基础色相。而人眼能够辨别出的色相不止于此，红色系中的紫红色、橙红色等色彩绿色系中的黄绿色、蓝绿色等色彩，都是人眼可辨别的色彩。

原色：原色也称"第一次色"，它是指能调配出其他颜色的基础色。颜料的三原色是红色、黄色、蓝色，将它们按不同的比例相互调配，可以调配出很多种色彩。

间色：间色由原色混合而成。如黄色与蓝色混合成绿色，红色与黄色混合成橙色，红色与蓝色混合成紫色。

复色：复色是指两种间色混合所得到的色彩。

明度

明度是指色彩的明暗程度，也就是我们平时所说的深浅程度。同一种颜色因其明度不同，可以区分出多种深浅不同的颜色，将其由浅到深依次排列，也就是我们所说的色阶。

饱和度

饱和度是指色彩的鲜艳程度，也称为纯度。色彩越纯，饱和度就越高，色彩也就越艳丽。饱和度高的色彩加上灰色可以降低饱和度。

色彩的搭配

色调

色调又称"色彩的调子"。色调是色彩的基本倾向，需要对色相、明度、饱和度、色性进行综合考虑。从色相上划分，有红色调、橙色调等；从明度上划分，有亮色调、暗色调、灰色调等；从饱和度上划分，有艳色调、浊色调等；从色性上划分，有冷色调、暖色调等。

同类色

同类色是指在色相环上取任何一色，加黑色、白色或灰色而形成的颜色。同类色是一种稳定、温和的配色组合，如红色、玫红色、粉红色就是同类色。

邻近色

邻近色是指在色相环中相距90°以内的颜色。例如，红色和橙色就是邻近色。

对比色

对比色是指在色相环中相距 120° ~ 180° 的两种颜色，具有活泼、明快的效果。可以通过明度、饱和度等来调整色彩之间的对比关系。

互补色

色相环直径两端的色彩称为互补色。互补色是对比最强烈的色彩，容易造成炫目的不协调感。在用互补色打造妆容时，需要调整好明度和饱和度的关系。

色彩的联想

我们的世界不能缺少色彩，如果世界只是单一的颜色，就会像我们所说的"生活失去了色彩"。色彩可以通过视觉感官带给我们很多联想，如我们看到红色的血液时会有恐惧感，看到绿色的植物时会有生机感。色彩带给我们的联想与个人的年龄和阅历也有很大的关系。色彩会让人产生具体的联想和抽象的感觉，这些都与我们设计妆容有很大的关系。

红色

具体联想：血、火、心脏、苹果。

抽象感觉：热情、喜庆、危险、温暖。

橙色

具体联想：橘子、秋天的树叶、晚霞、成熟的麦子。

抽象感觉：积极、快乐、活力、收获、明朗。

黄色

具体联想：黄金、香蕉、黄色的菊花。

抽象感觉：光明、明快、活泼、不安。

绿色

具体联想：树叶、草坪、树林。

抽象感觉：新鲜、环保、希望、安全、理想。

蓝色

具体联想：海洋、蓝天、湖泊。

抽象感觉：理智、沉静、开朗、自由。

紫色

具体联想：茄子、紫罗兰、葡萄。

抽象感觉：高贵、神秘、优雅、浪漫。

褐色

具体联想：咖啡、木头、褐色的眼珠。

抽象感觉：自然、朴素、老练、沉稳。

黑色

具体联想：头发、墨汁、夜晚。

抽象感觉：孤独、死亡、恐怖、邪恶。

白色

具体联想：白云、白雪、婚纱。

抽象感觉：纯洁、神圣、柔弱、脱俗。

灰色

具体联想：水泥、沙石、阴天、钢铁。

抽象感觉：消极、空虚、失望、诚实。

色彩给人的心理感受

色彩除了能带给我们联想，也会给我们带来心理上更深层次的感受，大部分人对同样的色彩会产生同样的感受。

冷暖感

冷暖感与温度并没有直接的关系。在同样的温度下，穿着红色的服装和白色的服装带给我们的心理感受是不一样的，而这种心理上的冷暖感会对身体机能造成影响。

前进感与后退感

同样的背景中，面积相同的物体会因色彩的不同带给人们凸起或凹陷的感觉。一般来说，亮色和暖色有前进感，暗色和冷色有后退感。

轻重感

一般来说，明度越高的颜色给人的感觉越轻快，明度越低的颜色给人的感觉越沉重。

味觉感

味觉感一般是由人们对日常生活中所接触的事物联想而来的。例如，绿色会给我们酸味感，冰激凌的粉红色、象牙白色则会给我们带来一种甜味的感觉。

我们可以将色彩的属性充分运用到妆容的设计中，使妆容更具有设计感且更加合理。

第 2 章

造型基础

2.1 认识造型工具

　　每一种造型工具都有其独特的作用，都可以辅助完成造型。我们要对每一种造型工具的性能有一个基本的了解，以便更好地完成造型。

发卡

发卡用来固定头发，是造型的重要工具。

U 形卡

U 形卡在不破坏造型轮廓的同时可以自然固定头发。

波纹夹

波纹夹具有独特的凹槽设计，在做波纹造型时，可用来临时固定头发。

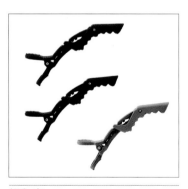

鳄鱼夹

鳄鱼夹有较强的固定作用，可以临时固定头发，使其不易散落。

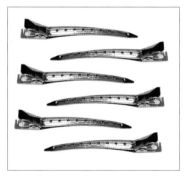

鸭嘴夹

鸭嘴夹可用来临时固定头发。

吹风机

吹风机主要用来将头发吹干、蓬起、拉直、吹卷。吹出的风分为冷风、热风、定形风。

直板夹

直板夹可以用来将头发拉直或卷弯。

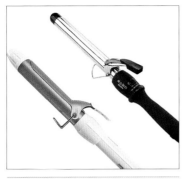

电卷棒

电卷棒按粗细可分为各种型号。应根据发型的需要选择粗细合适的电卷棒，以卷出不同卷度的卷发。

玉米须夹板

玉米须夹板可以将头发烫弯，能起到增加发量的作用。

滚梳

滚梳可以配合吹风机做一些有卷度的吹烫，如打造具有波浪感的造型。

尖尾梳

尖尾梳用来梳理、挑取、倒梳头发，是做造型时的常用工具。

排骨梳

排骨梳可配合吹风机来做造型，尤其适合打造一些短发造型。

气垫梳

气垫梳一般用来梳理烫卷的头发，这样可以使头发呈现更自然的卷度。如波浪卷发就需要用气垫梳来梳理。

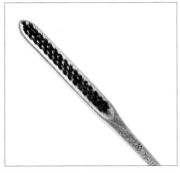

鬃毛梳

鬃毛梳可以用来倒梳头发，也可以用来将头发的表面梳理光滑。与尖尾梳不同的是，其倒梳头发的密度更大，梳理后比较蓬松。

包发梳

包发梳一般由六排塑料梳齿和五排鬃毛梳齿组成，整体呈现向一侧弯曲的弧度。其主要作用是做包发时梳光头发表面，使头发的弧度更饱满。

发胶

发胶分为干胶和湿胶，主要用来为头发定型。

啫喱膏

啫喱膏用来整理发型，使发丝伏贴，造型光滑。

蓬松粉

蓬松粉用于发根，可使头发更蓬松自然。

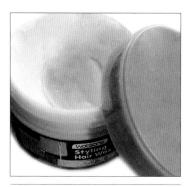

发蜡

发蜡用来为头发抓层次，配合发胶来造型。

发蜡棒

发蜡棒的作用与啫喱膏类似，只是没有啫喱膏那么亮，也没有太强的反光，光泽比较自然。

蓬松喷雾

将蓬松喷雾适量喷于发根，用吹风机吹干后，头发可呈现自然蓬松的层次感。

彩色发泥

彩色发泥的色彩多样，可塑造一次性的个性发色。最为经典的颜色是灰白色，俗称"奶奶灰"。

染发粉饼

将头发分片用染发粉饼涂刷，可塑造自然的一次性染发效果。一般用来挑染或处理发色不均匀的头发。

密发纤维

针对头发比较稀疏的人，将密发纤维撒于发根，纤维状颗粒可在视觉上塑造头发的自然浓密效果。

2.2 认识造型分区

对于很多化妆造型师来说，如何完成一个出色的造型往往是工作中需要考虑的重点内容。想象是美好的，而现实往往比较残酷。很多别人做起来很简单的造型，自己在做的时候就会出现很多问题。而之所以出现这种现象，很大程度上是因为对造型基础的掌握不够牢固。就像要建造一栋高楼，没有坚实的基础，则接下来的建筑都是不稳的。正是各个基础环节的衔接形成了最终的造型效果。那么，哪些造型的基础知识是完成一个造型之前必须要掌握的呢？接下来做一下具体的介绍。

造型的分区是在决定做一个造型之前就要确定好的，这样才能让我们的造型更加接近预期。分区一般分为刘海区、左侧发区、右侧发区、顶区和后发区。每个区域都有自己的作用，但并不是做每一个造型都要给头发分出这么多区域。在做具体造型时，可根据想呈现的造型整体效果巧妙地变通。

标准造型分区的位置

刘海区：刘海区的分法比较多样，一般有中分、三七分、二八分等。刘海区的头发主要用来修饰额头的缺陷及配合整体造型。刘海区一般呈三角形或弧形结构。

侧发区：侧发区的分区一般在耳中线或耳后线的位置，根据所需发量的多少决定分区的位置。侧发区的头发可以用来打造饱满的发型，也可以起到修饰脸形的作用。

顶区：顶区的头发可以用来为造型做支撑，也可以用来增加造型的高度，还可以起到修饰造型轮廓的作用。顶区一般会有一个比较流畅的弧形。

后发区：分好前几个区域的头发后，剩下的头发就是后发区的头发。后发区的头发主要用来打造枕骨部位的饱满度，也可用来修饰肩颈部位。

正面效果

左侧效果

右侧效果

背面效果

造型标准分区解析

<u>01</u> 用尖尾梳在一侧眉峰上方划分出刘海区的分界线。

<u>02</u> 用尖尾梳的尖尾在另外一侧眉峰上方分出刘海区的分界线。

<u>03</u> 向上将刘海区分成一个三角区，进行收起并固定。

<u>04</u> 从头顶位置向下至耳中或耳后位置分出一条直线，分出右侧发区的头发。

<u>05</u> 用同样的方式分出左侧发区的头发。

<u>06</u> 用尖尾梳在头顶位置呈圆弧状分出顶区的头发。

<u>07</u> 将后发区的头发平均分为左右两份。分区完成。

如何确定分区

在给头发做分区的时候，要根据自己想要完成的造型去处理。除了前文说过的标准分区之外，造型的分区是多种多样的。在打造造型时，首先要具备对造型的想法，之后就要思考什么样的分区能达到预想的结果，然后进行分区。对于分区，也需要勤加练习，这样才能运用自如。分区根据需求的不同会有所变化，要想分区得当，在准备分区之前要清楚以下几个问题。

（1）造型的主体结构在哪个方位。不是所有的造型主体结构都在一个方位，造型主体的位置往往决定了哪个区域要大一些。

（2）造型的分区数量是多少。不是每个造型都要分出很多个区域，有些造型分出两到三个区域就可以了。

（3）是不是需要细化分区。有些造型可能需要对划分好的区域再进行局部更细致的分区。

2.3 基本造型手法

2.3.1 烫发

　　处理新娘造型时常会用到烫发手法。将头发烫好是完成一个较为完美造型的第一步，一般根据造型所需要的纹理进行烫发。我们在烫发之前要对自己的作品有预期，这样才能更好地完成烫发。

后卷烫发

　　后卷烫发又称外卷烫发，一般以后发区中分线位置为起始点进行烫发，将两侧发区的头发都向后发区方向卷。

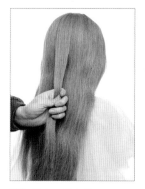   

01 分出一片头发。　　**02** 将头发向后发区方向卷。　　**03** 使卷好的头发在电卷棒上稍做停留。　　**04** 待头发充分受热后取下电卷棒。后卷烫发完成。

前卷烫发

　　前卷烫发又称内卷烫发，指将头发向面部方向烫卷。

 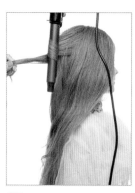 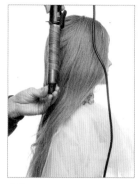 

01 分出一片头发。　　**02** 将头发向面部方向缠绕在电卷棒上。　　**03** 使卷好的头发在电卷棒上稍做停留。　　**04** 用手轻轻试探头发是否充分受热。充分受热后取下电卷棒。前卷烫发完成。

平卷烫发

平卷烫发是指使卷发棒在保持水平的状态下将头发烫卷。如果将后发区所有的头发都采用平卷烫发的手法进行处理，烫卷的头发会形成优美的弧度。

01 分出一片头发。

02 将头发水平缠绕在电卷棒上。

03 在保证不烫伤头皮的情况下尽量将头发卷到贴近发根位置。

04 稍做停留后取下电卷棒。平卷烫发完成。

在工作中，我们会根据情况用电卷棒塑造头发的纹理感。掌握基本的烫发技术后，可根据造型的需要灵活运用电卷棒。

2.3.2 倒梳

倒梳的基本目的是提升造型饱满度，使发丝间很好地衔接。倒梳是一种常用的造型手法。

标准倒梳

01 提拉起一片头发，并力度均匀地拉直每一根发丝。

02 将尖尾梳的梳齿插入头发中。

03 提拉头发的手拉紧头发，向发根处推梳子。

04 以同样方式继续操作，每推一下都会有部分头发被倒梳。

05 多次倒梳后头发会呈现蓬松感。在发根位置倒梳主要是让根基牢固，没必要将头发倒梳得特别蓬松。

06 倒梳完成后的效果。

旋转倒梳

01 取一片头发，并扭转。

02 用尖尾梳对头发进行倒梳。

03 边倒梳边适当地扭转头发。

04 倒梳完成后的效果。

移动倒梳

01 提拉起一片头发，并对发根进行倒梳。

02 从左侧开始倒梳。

03 从左向右将需要倒梳的头发梳理完成。

04 倒梳完成后的效果。

2.3.3 扎发、编发、抽丝

扎发、编发、抽丝是造型中常用的手法，可以增加头发的纹理感，使造型的视觉效果更加丰富。扎发、编发的缺点是造型看上去比较生硬、死板，缺少层次感。而抽丝对层次感的塑造效果很好，但要注意不要过于凌乱。

扎发、编发、抽丝的手法种类繁多，下面对一些容易掌握并且实用的手法进行细致讲解。

扎马尾

<u>01</u> 用手收拢想要扎马尾的头发。

<u>02</u> 将一根带有发卡的皮筋套在大拇指上。

<u>03</u> 拉紧皮筋。

<u>04</u> 用皮筋缠绕头发几圈，将发卡穿入头发。

<u>05</u> 用手将头发拉紧。

<u>06</u> 扎马尾完成效果。

三股辫正编

01 将头发分成发量均等的三股。

02 将a从上面穿插在b与c中间，并压于c之下。

03 将b从上面穿插在a与c中间，并压于a之下。

04 将c从上面穿插在a与b中间，并压于b之下。如此反复操作。

05 三股辫正编完成效果。

三股辫连编

01 分出三股发量基本均等的头发。

02 将a从上面穿插在b与c中间，并压于c之下。

03 使b中带入左侧的头发，并叠加在c之上。

04 使 a 中带入右侧的头发，并叠加在 b 之上。

05 使 c 中带入左侧的头发，并叠加在 a 之上。如此反复交替进行。

06 编发完成效果。

三股辫反编

01 分出发量基本均等的三股头发。

02 将 a 从下面穿插在 b 与 c 之间，并置于 c 之上。

03 将 b 从 c 下面穿插在 a 与 c 之间，并压于 a 之上。

04 如此反复交替向下编。

05 三股辫反编完成效果。

两股辫

<u>01</u> 分出发量基本均等的两股头发。

<u>02</u> 将 a 叠加在 b 之上。

<u>03</u> 将 a 转至 b 之下,形成两股扭在一起的效果。

<u>04</u> 将 b 转至 a 的下方。如此交替反复进行。

<u>05</u> 两股辫完成效果。

三股一边带

<u>01</u> 分出发量基本均等的三股头发。

<u>02</u> 将 a 从上面穿插在 b 与 c 之间,并压于 c 之下。

<u>03</u> 将 b 叠加在 c 之上。

04 使 a 中带入右侧的头发，并叠加在 b 之上。

05 将 c 叠加在 a 上，将 b 叠加在 c 上。

06 使 b 中带入右侧的头发，并叠在 c 之上。以同样的方式继续操作，编发完成。

平编四股辫

01 分出发量基本均等的四股头发。

02 将 b 叠加在 c 之上。

03 将 d 叠加在 b 上。

04 将 a 叠加在 c 和 d 上，使头发形成交叉。

05 将 b 叠加在 a 上，将 c 叠加在 b 上，如此反复叠加编发。

06 平编四股辫完成。

连编四股辫

01 分出发量基本均等的四股头发。

02 将 b 叠加在 c 上。

03 将 d 叠加在 b 上。

04 将 a 叠加在 c 和 d 上。

05 将 b 叠加在 a 上，然后带入右侧的头发，使之与 b 结合在一起。将 c 叠加到 b 上。

06 将几股头发如此反复进行编发。

07 在向下编发的时候适当将头发收紧。

08 连编四股辫完成效果。

细鱼骨辫

<u>01</u> 分出发量基本均等的四股头发，将 c 叠加在 b 上。

<u>02</u> 将 a 叠加在 c 上，将 d 叠加在 a 上，形成左右两片头发。

<u>03</u> 在 c+d 中分出一缕头发带入 a+b 头发中。

<u>04</u> 在 a+b 中分出一缕头发带入 c+d 头发中。

<u>05</u> 用这种方式向下进行编发。

<u>06</u> 注意在编发的时候，分出的每一缕头发发量不要太多。

<u>07</u> 细鱼骨辫完成效果。

粗鱼骨辫

<u>01</u> 将头发分为四股，最外侧的两股发量很少。

<u>02</u> 将 c 叠加在 a 上，并与 b 结合在一起。

<u>03</u> 将 d 叠加在 b 和 c 上，并与 a 结合在一起。

<u>04</u> 以此种方式不断从 a 和 b 中分出头发，并向下叠加编发。

<u>05</u> 分出的每一股叠加的头发发量都不要过多。

<u>06</u> 向下编发的时候适当进行收紧。

<u>07</u> 粗鱼骨辫完成效果。

两边带编发

01 分出发量基本均等的三股头发，将 a 叠加在 b 之上。

02 将 c 叠加在 a 上后，将 a 与 b 继续相互叠加。

03 使 c 中带入左侧的头发叠加在 a 上后，将 b 与 a 继续叠加。

04 将三股头发如此反复地编发。

05 从右侧分出一缕头发，带入 c 中，并进行编发。

06 将三股头发如此反复地编发。

07 用同样方式带入右侧的头发，继续编发。

08 两边带编发完成效果。

穿插编发

<u>01</u> 分出发量基本均等的三股头发。

<u>02</u> 将a叠加在b上，将c叠加在a上，将b叠加在c上。

<u>03</u> 反复在三股头发中带入两边头发进行编发。

<u>04</u> 用三股辫正编的方法向下进行编发。

<u>05</u> 继续反复在三股头发中带入两边头发进行编发。

<u>06</u> 继续用三股辫正编的方法向下进行编发。

<u>07</u> 穿插编发完成效果。

间隔编发

<u>01</u> 分出发量基本均等的两股头发。

<u>02</u> 将 b 叠加在 a 上。

<u>03</u> 将 a 叠加在 b 上。

<u>04</u> 从发顶分出一股头发 c，将其叠加在 b 上，将 a 叠加在 c 上。

<u>05</u> 将 a 与 b 相互交叉。

<u>06</u> 以此方式不断向后进行编发（从发顶分出的每股头发都定名为 c）。

<u>07</u> 在收尾的位置将头发固定。

<u>08</u> 编发完成效果。

阶梯编发

01 分出发量基本均等的两股头发。

02 将 b 叠加在 a 上。

03 从发顶分出一股头发（c），并叠加在 b 上，将 a 叠加在 c 上。

04 继续将 a 与 b 相互交叉。

05 从下侧方分出发量基本均等的两股头发（d 和 e），将 c 放置在 d 和 e 之间。

06 将三股头发用三股一边带的形式向后进行编发。

07 编发的角度为斜向下，整体呈阶梯状。

08 阶梯编发完成效果。

两股辫编发抽丝

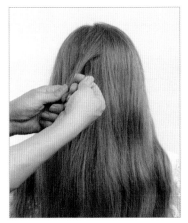

<u>01</u> 将两股头发相互交叉。

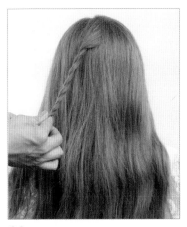

<u>02</u> 向下进行两股辫编发。

<u>03</u> 捏紧发梢从最上边开始抽头发。

<u>04</u> 继续抽头发，使头发呈现蓬松感、层次感。

<u>05</u> 捏紧发梢，对头发进行细节的抽丝。

<u>06</u> 两股辫编发抽丝完成后的效果。

两股辫续发编发抽丝

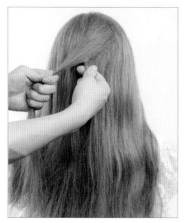

<u>01</u> 将两股头发相互交叉。

<u>02</u> 从右侧带入头发，进行两股辫续发编发。

<u>03</u> 以同样的方式连续向下编发。

<u>04</u> 收尾时两股交叉，不再带入头发。

<u>05</u> 用两股辫编发的形式编至发尾。

<u>06</u> 捏紧发梢，从上方开始抽头发。

<u>07</u> 向下继续抽头发，使其呈现蓬松的层次感。

<u>08</u> 将抽好的头发向上打卷固定。

<u>09</u> 两股辫续发编发抽丝完成效果。

鱼骨辫编发抽丝

01 分出三股头发,将a和b相互交叉。

02 从c旁边分出一股头发d,与a相互交叉。

03 在b中分出一些头发与b+d相互交叉。

04 以此方式继续向下进行鱼骨辫编发。

05 将编好的头发用皮筋固定。

06 从上方开始抽出发丝。

07 继续向下将辫子抽出层次感。

08 鱼骨辫编发抽丝完成效果。

2.4 刘海的变化

      如何做出更多的造型是很多化妆造型师都会遇到的一个问题。其实在我们能做好一款造型的时候就相当于学会了多款造型，因为通过角度、面积等的变化，发型能够呈现不同的视觉效果。在各种变化中，刘海的变化对造型的影响最强。通过改变刘海的造型和配合饰品，化妆造型师掌握的造型种类会大大增多。要学会用思考的方式处理自己设计的造型，有样学样不会使自己设计的造型脱颖而出，而掌握变换造型的规律并且充分运用在自己的造型中相对可行些。

      刘海的变化方式很多，这里对其中的一些变化方式进行介绍。当然，如果想运用在自己的造型中，还需要不断地练习。

花式层次刘海

花式层次刘海是呈花形的刘海。首先需要进行充分烫发，然后进行多点固定，以形成丰富的花式层次纹理。该刘海适合柔美、浪漫的妆容造型。

湿推波纹刘海

借用啫喱膏等造型材料将头发在额头位置平贴固定出弧度。湿推波纹刘海的视觉感比较夸张，适合妩媚和复古的妆容造型。

立体打卷刘海

首先将刘海区的头发打卷固定出一定的高度，然后将发尾打卷。立体打卷刘海适合高贵或复古的妆容造型。

手推波纹刘海

手推波纹刘海具有优美的弧度，在很多妆容造型中都可使用。不同的妆容搭配手推波纹刘海会呈现不同的造型美感。

平推波纹伏贴刘海

手推波纹的表现形式不只有高低起伏的弧度，还有在额头位置平贴推出的弧度。平推波纹伏贴刘海适合比较简约的妆容造型或旗袍、秀禾服等妆容造型。

空气层次刘海

刘海区的发丝呈现空隙，具有层次感，可使妆容造型呈现更加年轻、活泼的感觉。空气层次刘海适合可爱、浪漫、森系的妆容造型。

下扣伏贴刘海

下扣伏贴刘海是一种比较简约的刘海处理方式，适合的范围比较广。这种处理方式没有什么特色。

上翻弧度刘海

上翻弧度刘海比较优雅，相对适合复古、高贵类型的妆容造型。

中分刘海

其实中分刘海的表现形式也很多，如中分自然散落和中分伏贴光滑的表现形式。不同表现形式所适合的妆容造型不一样，如中分自然散落的表现形式适合比较优美的妆容造型，中分伏贴的表现形式适合古典或高贵的妆容造型。

卷曲灵动刘海

卷曲灵动刘海是指通过烫发的方式让刘海呈现卷曲的纹理感，在森系或浪漫、柔美的妆容造型中使用较多。

蓬松上翻夸张刘海

将头发倒梳然后向上翻卷。蓬松上翻夸张刘海比较夸张，相对适合夸张、时尚的妆容造型。

下扣打卷饱满刘海

将头发倒梳，然后向下打卷，使头发在额头位置呈隆起的状态并固定。在高贵、复古的妆容造型中使用时刘海区表面的头发应梳理得光滑、干净，在清新唯美、浪漫的妆容造型中使用时头发应处理得有层次、自然一些。

2.5 抓纱、抓布造型

2.5.1 抓纱、抓布概述

把平淡无奇的纱抓出各种样式搭配在造型上，会让造型更加生动。不单是纱，用色彩丰富、质感多样的布也能抓出特别的造型。

纱、布的种类

纱的种类很多，选择纱时首先要了解它的手感，过软的纱容易塌落，过硬的纱又会使造型看起来生硬，软硬适中的纱是最好的选择。

网眼纱：网眼纱的网眼有大小之分，网眼纱的特点是通透度比较好，比较适合与其他饰品搭配在一起装饰造型，可使造型的层次感、空间感更强。

工程纱：工程纱比较硬，纱线比较粗，可以用来做一些局部的修饰。

水晶纱：水晶纱经常用来做头纱。水晶纱的颜色很多，有些水晶纱上还有特殊的闪星或其他装饰物。水晶纱可以丰富我们的造型。

钉绣纱：钉绣纱是指在纱上装钉或刺绣图案的纱，装饰性比较强。

欧根纱：欧根纱的透明度很好，色彩多样，只是线与线之间的距离很近，没有明显的空隙，更适合用于服装，在做抓纱造型时也有使用。

雪纺纱：雪纺纱是女生夏季服装常用的一种面料，也可以用来做抓布、包布造型。

色丁：色丁也叫纱丁、五枚缎。色丁有一面很光滑，亮度很好，并且比较柔软。

仿真丝：仿真丝的硬度比色丁的硬度高，反光明显，色彩丰富，常用来制作晚礼服，也可以用来做一些造型感比较强的抓布造型。

真丝：真丝具有吸光的作用，垂感比仿真丝好。其密度越大，手感越好，主要用于制作服装。

绸：绸薄而软，垂感好，手感舒服。不适合用于抓布造型。

蕾丝：蕾丝是指纱网之上的纹样设计，是造型中经常使用的一种材料。

褶皱纱布：褶皱纱布是用特殊工艺给纱或布做出的特殊褶皱效果，形式多样，造型感强。

选择合适的纱是做好抓纱造型的第一步，可以从色彩、质感、大小等方面考虑。在抓纱、抓布的过程中，如何固定好是非常关键的。没有很好的基础固定，纱或布非常容易散落或者塌陷。在固定的时候，要确保支撑点稳固，可使用十字交叉的发卡固定。在做一些层次褶的时候，可用别针进行固定。如何把纱或布抓出层次也很重要。层次感好的抓纱造型是锦上添花，而层次感不好的可能会画蛇添足。下面对较为夸张的两款抓纱、抓布造型做案例解析。

2.5.2 抓纱造型案例

此款造型靠有层次的抓纱塑造轮廓。
注意在抓纱的时候要固定牢固，否
则很难达到理想的高度。

<u>01</u> 将真发在头顶位置进行固定。

<u>02</u> 在头顶一侧位置固定黑纱。

<u>03</u> 继续在头顶位置固定红纱。

<u>04</u> 将红纱抓出褶皱层次并进行固定。

<u>05</u> 将黑纱抓出褶皱层次并进行固定。

<u>06</u> 固定纱的时候，注意将纱抓出一定的空间感。

<u>07</u> 将红纱继续向上做抓纱造型。

<u>08</u> 将红纱进行收尾固定。

<u>09</u> 将黑纱继续抓出褶皱层次并固定。

<u>10</u> 向上抓黑纱。

<u>11</u> 将黑纱向上抓出一定的高度后，继续做抓纱造型。

<u>12</u> 将黑纱进行收尾固定，注意要固定牢固。

此款造型将造型纱与造型布相互结合，固定时有一定的难度。

<u>01</u> 将真发进行收拢并固定。

<u>02</u> 在真发上牢固地固定红纱。

<u>03</u> 将红纱做出包头效果后继续固定。

<u>04</u> 在造型纱基础上固定造型布。

<u>05</u> 在造型布基础上继续抓造型纱。

<u>06</u> 用造型布包住头部，并在后发区进行固定。

<u>07</u> 将造型布抓出褶皱层次。

<u>08</u> 将造型布在头顶位置进行固定。

<u>09</u> 调整造型布的结构并进行固定。

<u>10</u> 继续在头顶位置抓纱，进行收尾固定。

<u>11</u> 佩戴饰品，装饰造型，造型完成。

2.6 假发造型

2.6.1 假发造型概述

假发是在造型中经常会用到的辅助元素，假发的种类很多。在做造型时，有些真发达不到的效果可以利用假发达到。和真发一样，假发的形态可以根据造型的需求而改变。

下面介绍一下假发的类型。

全顶假发：全顶假发就是我们常说的假发套。它的特点是在整体上改变造型给我们的视觉感受。全顶假发的种类很多，如短发、包包头、长发、自然卷发等。除了本身的形态外，我们也可以根据自己的需求改变假发的形状再进行使用，也可改变佩戴的方向、位置等。

假刘海：假刘海的使用范围非常广，且变化对造型的改变影响很大。假刘海的样式比较多。除了佩戴在额头位置之外，假刘海也可以用来做造型中一些局部位置的填充，以弥补造型的不足。

发片：发片一般分为开口发片和闭口发片。闭口发片一般可以以扭转的方式填补造型，开口发片除了可以填补造型，还可以分成多片来做打卷等造型，以增强造型的层次感。

发棒：发棒分为软发棒和硬发棒。软发棒可以填补造型不足和修饰造型的轮廓；硬发棒有支撑的作用，可以作为造型的基础结构与真发相结合，以增加发量。

局部假发：局部假发的形态有很多种，如卷发、直发等。根据个人需求与真发相结合，甚至能达到以假乱真的效果。

发辫：发辫主要作为一些造型上的小结构。发辫在古装造型上用处比较大，可以使造型更加细致、生动。

发包：发包主要用来作为造型的大结构，在舞台展示上经常利用发包做出夸张的造型。对于一些淘汰下来的假发，也可以用发网包在一起定型，形成大小不一的发包。

牛角包/燕尾：牛角包/燕尾主要用在古装造型上。牛角包作为造型的顶区结构及用于一些轮廓处理，不同方位的摆放能呈现不同的效果。燕尾在一些清装造型中使用，如格格造型等。

上面介绍的这些假发只是假发的一部分。假发多种多样，如果能充分利用这些假发，造型的变化会更多样。

在用假发做造型的时候，虽然一些真发被假发覆盖，但是真发的造型一样重要。例如，想用发片处理造型的结构，就要保证真发的走向与真假发衔接点的真实性，制造以假乱真的效果。另外要注意，真假发的发色和发质不能差距过大，否则会失去真实性。用假发造型时，对发丝的控制比真发容易。造型最重要的就是轮廓感，差之毫厘谬以千里。固定好假发不等于造型的结束，一样要注意整理假发发丝的光洁度。使用假发喷胶会影响假发的完好度和使用次数，可以适当用喷壶以雾状形式喷少量水来整理发丝。不管是用真发造型还是用假发造型，都要用认真的态度对待。

2.6.2 假发造型案例

<u>01</u> 在后发区固定一个假发片。

<u>02</u> 在左侧发区固定一个假发片。

<u>03</u> 在刘海区固定一个假发片。

<u>04</u> 将后发区下方头发扭转收拢后，在后发区下方固定。

<u>05</u> 将顶区和后发区剩余大部分头发扭转并收拢。

<u>06</u> 将收拢好的头发在后发区右侧固定。

<u>07</u> 将左侧发区的头发进行两股辫编发。

<u>08</u> 将编好的头发适当抽丝后，在后发区左侧固定。

<u>09</u> 将后发区右侧剩余的头发进行两股辫编发。

10 将编好的头发适当抽丝，在后发区固定。

11 将刘海区的头发进行两股辫编发。

12 将编好的头发适当抽丝。

13 将抽好丝的头发在后发区固定。

14 将右侧发区剩余的头发进行两股辫编发。

15 将编好的头发抽丝。

16 将抽好丝的头发在后发区固定。

17 在头顶位置佩戴饰品，装饰造型。

造型要点: 将假发隐藏在真发中，然后与真发结合在一起做编发造型。因为假发的颜色与真发不同，所以完成的造型更具有层次感。这种处理方式适合发量不多和发色过深的人。

2.7 帽子造型

　　漂亮的帽子可以提升整体造型的感觉，弥补造型的不足。在造型中充分利用帽子，可以让造型更时尚、特别。每一种帽子都有与其风格相符的造型，有些帽子的款式或小细节给我们提供了很好的创作灵感。

用柔软的头纱和有蝴蝶装饰的帽子与浪漫唯美的造型搭配，会使造型呈现更加柔美的感觉。

将复古小圆帽与花枝结合，搭配波纹弧度造型，更显俏皮的复古感。

将有珠链装饰的复古黑白礼帽与白色花朵结合，可在复古风格中增添唯美、神秘的感觉。

用花朵和小礼帽上的刺绣小鸟相互呼应，可呈现如画的美感。

将复古圆顶帽上的蕾丝和花枝与蕾丝婚纱搭配，可以巧妙地呈现浪漫唯美的感觉。

色彩淡雅的帽子上的重工蕾丝绣片使整体造型淡雅而不失高贵。

呈锥形的帽子与花朵搭配，使造型呈现魔幻、俏皮的感觉。

红色帽饰与黑色网纱的经典搭配，使造型优雅而高贵。

用羽毛和黑色网纱装饰的圆形帽饰适合搭配简洁大气的造型。

白色蕾丝帽子的半透感，使造型大气、唯美，更显高级感。

用白色小圆帽装饰优雅大气的造型，可使造型在优雅中透露出柔美感。

礼帽上的花朵装饰使帽子既可以搭配柔美造型也可以搭配复古造型。

粉色复古礼帽与同色系永生花搭配，使造型复古又柔美。

淡紫色礼帽上的头纱为端庄的造型增添了柔美感。

瑞士纱边的大礼帽搭配层次感造型，在复古大气的造型中增添了柔美感。

层叠的纱质帽子与蝴蝶相互呼应，搭配灵动的造型使整体更加唯美。

黑色复古礼帽上的白纱使帽子和整体造型都更富有
层次感。

黑色礼帽用灰色丝带和蕾丝纱边装饰，使帽子显得
不那么沉重，可与蕾丝婚纱更好地搭配。

黑色小圆礼帽上的奢华装饰与黑色网纱搭配，使整
体造型更具有奢华大气的感觉。

白色大沿礼帽搭配简约造型，使整体造型更加复古、
大气。

第 3 章

生活类妆容造型

3.1 生活类妆容造型概述

随着生活水平及个人品位的逐渐提高，人们对美的东西的渴求与日俱增。在日常生活中，人们对妆容造型的要求越来越高，而不同的妆容造型适合不同的场合。在看话剧、戏曲等舞台类型的节目时，演员在舞台上因为故事内容、灯光照明等需求而采用的妆容造型如果放到现实生活中会贻笑大方，而生活中的妆容造型同样不适合在舞台上使用，因为那样达不到理想的艺术效果。适合的就是最好的。在处理生活类妆容时，有哪些误区需要多加注意呢？

生活类妆容造型的注意事项

（1）在处理底妆时，有些人一味地掩盖瑕疵，得到一张底妆厚重的"大白脸"，这样的底妆作为上镜妆或舞台妆勉强凑合，但作为生活类妆容容易产生各种表情纹路，非常不自然。而有些人一味地追求无妆般的底妆效果，从现实角度讲这不太可能，再细致的底妆仔细观察都可发现细微的粉质颗粒。化妆并不是见不得人的事，而真正好的生活类底妆是适当遮盖瑕疵，并且使肌肤呈现通透感。只要选择品质好的粉底液，通过细致的打底就能达到理想的效果。

（2）一味追求立体感也是在化生活类妆容时一个常见的误区。很多人都知道可以通过暗影膏和暗影粉来塑造小脸形和高挺的鼻子。但这是在一定的度之内，如国字脸通过暗影修容只会让脸部的线条柔和，不太可能成为瓜子脸。过分的暗影修容会让妆容看上去不够自然、显脏，不符合生活类妆容的理念。修容以自然柔和为好，化妆是在本身肤质的基础之上通过细致的修饰使人更加完美，而不是回炉重造。

（3）只注意自己看到的地方，不注重细节。这是指在化妆的时候只注意睁开眼睛的效果而忽略了眼影细节的晕染。我们在日常生活中是不可能不眨眼和不做各种表情的。经常有这样的女孩，在睁开眼睛的时候是个大眼美女，闭上眼睛的时候会被发现粗黑的眼线和没有层次的眼影，这样的妆容会大打折扣。所以不管是眼线还是眼影都要做到线条流畅、过渡自然。

（4）不要一味地追求潮流。现在各种资讯非常发达，流行的东西日新月异，化妆也是如此。对于化妆来说，要从个人情况出发，流行的不一定适合自己，适合自己的妆容才是最好的。所以，对一些流行元素选择性使用即可，没必要照单全收。

（5）不是只要用好的化妆品就一定能化出好的妆容。化妆是一门技艺，需要不断的揣摩练习。好的化妆品带来好的品质，但化妆品只是材料，最主要的还是操作者的技术，这一点非常关键。

以上是在化生活类妆容时常见的误区，其他的小误区还有很多，这里不能赘述。实践出真知，通过多加练习、勤于思考，一些问题自然会迎刃而解，从而形成自己的技术理念。

生活类妆容造型的类型

生活类妆容造型是指我们在日常生活中会用到的妆容造型。生活类妆容造型一般都具有自然随意、易于被人接受的特点。常见的是以下 4 种妆容造型。

日常妆容造型

日常妆容造型是指在生活中的妆容造型。对这种类型妆容的处理要因人而异，每个人的接受程度及感觉的不同都会对妆容的浓淡产生影响。一般情况下，最容易被人接受的是清淡柔和的妆感。眼线和睫毛是最"提神"的因素，所以在处理日常妆容造型的时候要注意对眼线及真睫毛的细致处理。自然的直发、卷发、编发等在日常妆容造型中是最常用的造型表现元素。

时尚派对妆容造型

时尚派对妆容造型是指一些时尚舞会和高端聚会采用的妆容造型。在设计该妆容造型时，应根据聚会的场合略有变化，可以大气、端庄，也可以夸张、时尚。时尚派对妆容造型的妆感相比其他生活类妆容造型更具有立体感、隆重感。

时尚职业妆容造型

对于时尚职业妆容造型，可根据自己的职位在设计上有所变化。例如，公司高层的妆容可以多注意眼妆的刻画，搭配光滑饱满的盘发，体现领导力；而普通职员要薄施粉黛，使妆容自然、素雅。时尚职业妆容造型是用于展示职场形象的妆容造型。

男士妆容造型

在有些场合，男士也会化妆，只是男士妆容造型更讲究自然真实，不会处理得过于夸张。一般男士妆容不会选择过多的色彩和利用过多的化妆手法。

3.2 生活类妆容造型案例解析

3.2.1 日常妆容造型

<u>01</u> 在上眼睑位置晕染珠光白色眼影。

<u>02</u> 在下眼睑位置晕染少量珠光白色眼影。

<u>03</u> 在上眼睑位置自睫毛根部开始晕染金棕色眼影。

<u>04</u> 继续向上晕染，使眼影边缘过渡自然。

<u>05</u> 在下眼睑位置晕染金棕色眼影。

<u>06</u> 提拉上眼睑皮肤，在靠近睫毛根部位置描画眼线。

<u>07</u> 提拉上眼睑皮肤，将眼线晕染开。

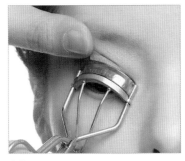

<u>08</u> 提拉上眼睑皮肤，将睫毛夹卷翘。

<u>09</u> 提拉上眼睑皮肤，用睫毛膏刷涂上睫毛。

<u>10</u> 用睫毛膏刷涂下睫毛。

<u>11</u> 从眉头开始用灰色眉粉刷涂眉毛。

<u>12</u> 刷涂眉粉至眉尾，使眉形更加清晰。

<u>13</u> 用黑色眼线笔局部描画眼尾。

<u>14</u> 用眼影刷蘸取金棕色眼影，将眼尾的眼线晕染开。

<u>15</u> 在唇部描画红润感唇膏。

<u>16</u> 晕染红润感腮红，以提升妆容的立体感。

<u>17</u> 将顶区的头发分出，进行三股辫编发。

<u>18</u> 将编好的头发盘起并固定。

<u>19</u> 从右侧发区取一片头发，进行两股辫编发。

<u>20</u> 将编好的头发盘起并固定。

<u>21</u> 从左侧发区取一片头发，进行两股辫编发，将编好的头发盘起并固定。

22 将两侧的编发向中间收拢。

23 将左侧发区剩余的头发进行两股辫编发。

24 将编好的头发盘起并固定。

25 将右侧发区剩余的头发进行两股辫编发。

26 将编好的头发盘起并固定。

27 取后发区右侧的头发,盘起并固定。

28 取后发区中间的头发,盘起并固定。

29 将后发区剩余的头发盘起并固定。

3.2.2 时尚派对妆容造型

<u>01</u> 处理好真睫毛，粘贴假睫毛。

<u>02</u> 在上眼睑位置晕染金棕色眼影。

<u>03</u> 在下眼睑位置晕染金棕色眼影。

<u>04</u> 在上眼睑眼尾位置用深金棕色眼影加深晕染。

<u>05</u> 在上眼睑眼头位置用深金棕色眼影加深晕染。

<u>06</u> 在下眼睑位置用深金棕色眼影加深晕染。

<u>07</u> 在上眼睑位置用浅金棕色眼影晕染过渡。

<u>08</u> 在上眼睑眼头位置晕染少量咖啡色眼影，加重轮廓感。

<u>09</u> 在上眼睑靠近睫毛根部位置晕染少量黑色眼影。

<u>10</u> 在下眼睑位置晕染少量黑色眼影。

<u>11</u> 用眼线笔勾画内眼角眼线。

<u>12</u> 用眼线笔描画上眼线，眼尾自然上扬。

13 提拉上眼睑皮肤，给上睫毛刷涂睫毛膏。

14 用睫毛膏刷涂下睫毛。

15 用咖啡色水眉笔描画眉形。

16 注意对眉头位置的自然描画。

17 刷涂咖啡色眉粉，使眉色更加柔和。

18 眼形呈现拉长、妩媚的感觉。

19 用珠光白色眼线笔描画内眼角位置。

20 在唇部涂上李子色唇膏。

21 将唇形边缘轮廓描画得自然、饱满。

<u>22</u> 斜向晕染红润感腮红，以提升面部的立体感。

<u>23</u> 在颊侧位置适当加深晕染，使妆容更加立体。

<u>24</u> 用电卷棒进行烫发。

<u>25</u> 将头发分片倒梳。

<u>26</u> 通过倒梳，头发更富有层次感。

<u>27</u> 在头顶位置继续将头发分片倒梳。

<u>28</u> 将左侧发区的头发倒梳，使其更具有层次感。

<u>29</u> 将后发区的头发倒梳。

<u>30</u> 对倒梳好的头发喷胶定型。

<u>01</u> 处理好真睫毛，粘贴假睫毛。

<u>02</u> 适当按压使假睫毛，使之粘贴得更加牢固。

<u>03</u> 刷涂睫毛膏，使睫毛更加自然、浓密。

<u>04</u> 在上眼睑紧贴睫毛根部的位置用眼线笔描画眼线。

<u>05</u> 将眼头位置的眼线描画完整。

<u>06</u> 在上眼睑位置晕染少量珠光白色眼影。

<u>07</u> 在上眼睑位置晕染少量金棕色眼影。

<u>08</u> 在下眼睑位置晕染少量金棕色眼影。

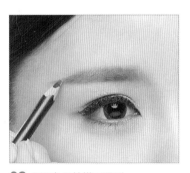

<u>09</u> 用黑色眉笔描画眉形。

<u>10</u> 在描画眉形的时候，注意对眉头位置的自然描画。

<u>11</u> 在唇部涂抹自然红润的光泽感唇膏。

<u>12</u> 晕染自然红润感的腮红，使气色更好。

13 在后发区上方分出部分头发并向上打卷固定。

14 将后发区右侧的头发向左上方提拉、扭转、固定。

15 将后发区左侧的头发向右上方提拉、扭转、固定。

16 取后发区下方的头发向上提拉、扭转、固定。

17 将后发区剩余的头发向上提拉、扭转、固定。

18 将顶区的头发倒梳。

19 将倒梳好的头发表面梳理得光滑、干净。

20 将发尾收拢，使头发在顶区形成饱满的发包，并进行固定。

21 将左侧发区的头发扭转并在后发区固定。

22 将右侧发区的头发扭转并在后发区固定。

23 将刘海区的头发梳理得光滑、伏贴，并在右侧发区固定。

24 将剩余的发尾整理好层次后进行固定。

3.2.4 男士妆容造型

01 护肤后对面部进行打底。

02 注意眼周位置的打底要细致到位。

03 用暗影膏对面颊进行修饰，使面部轮廓更加清晰。

04 在鼻侧区域刷涂暗影膏，使鼻子更加立体。

05 在下眼睑位置用遮瑕膏遮盖黑眼圈。

06 用透明散粉对面部进行定妆。

07 在上眼睑位置晕染亚光咖啡色眼影。

08 在下眼睑位置晕染亚光咖啡色眼影。

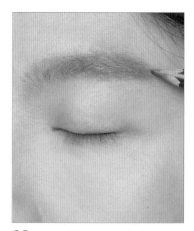

09 用黑色眉笔描画眉形，眉形要画得硬朗一些。

10 用黑色眉笔对眉头进行描画，使眉毛更加具有整体感。

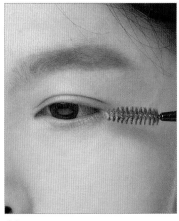

11 用螺旋扫在黑色眉笔上刷几下。然后用螺旋扫刷涂睫毛，使睫毛更黑。

12 用暗影粉修饰面部轮廓。

13 用黑色眉笔描画鬓角。

14 用蘸水的棉签将唇部的粉底擦拭干净，然后涂少量润唇膏。

15 在头发上涂抹发蜡后，用尖尾梳将头发向后发区梳理。

16 用发胶使头发定型。

第4章

影楼妆容造型

4.1 影楼妆容造型概述

随着社会的发展，影楼的妆容造型已经从简单的、千篇一律的表现形式中脱离出来，变得更加细节化、具体化，并根据每个人的气质特点和拍摄的需要在风格上加以区别。影楼的服务范围一般包括婚纱摄影、艺术写真、新娘美妆等。当然还会有一些其他方面的业务，只是与本书要阐述的主题相差甚远，所以不做赘述。

婚纱摄影

婚纱摄影是影楼的经营命脉，是利润的最大来源。每年全国各地大大小小的影楼及摄影工作室都要开展各种促销，但顾客更在意的还是产品的品质，有没有把自己拍得更漂亮。风格没有绝对的好与坏，每个人都有适合自己的风格，选择合适的风格比盲目地跟风会明智很多。

婚纱摄影用的服装一般有白纱、晚礼、特色服、便装等。白纱是整套婚纱照的主体，晚礼使色彩更丰富，特色服及便装起到穿插、点缀的作用。白纱和晚礼除了色彩上的差别，在风格方面是存在相似性的。

婚纱摄影有很多新风格，如田园风、波希米亚风、中国风……每一种风格都是一个大类，在此基础之上可以有非常丰富的变化，并赋予它更具有艺术感和个性化的名字。我会在后面的章节中对每种风格做分析讲解，并选择具有代表性的妆容造型做具体解析。

特色服是指一些具有民族特色的传统服饰，如旗袍、唐代宫廷服、汉服、韩服、和服、格格服、凤冠霞帔、秀禾服等。特色服有一定的历史背景和文化背景，所以变化性一般不会太大。具有标志性文化符号的旗袍是最受青睐的特色服，可以在表达喜庆的同时体现女性的曲线美。本书以旗袍和秀禾服为代表，对特色服的妆容造型进行分析讲解。

便装即生活服饰，与其说是婚纱摄影，不如说是穿插在婚纱照中做点缀的情侣写真。情侣 T 恤和偏生活化的潮服都可以作为便装选择的方向，应根据拍摄场景的不同酌情而定。

艺术写真

很多人对写真的理解常常停留在"人体写真"的范畴，随着生活品质及认识的提高，这种认识正在逐渐改变，很多人会选择拍摄个人艺术写真来纪念特殊的日子或作为成长的留念。艺术写真的风格多种多样，比婚纱摄影更生动、时尚、个性、另类。艺术写真一般可分为本色、可爱、时尚、另类、优雅、Cosplay 等，而且种类还在不断地增加。

还有一些机构借鉴杂志大片的元素，拍摄具有时尚大片感的艺术写真。

新娘美妆

　　新娘美妆属于影楼的附属服务，一般分为韩式、欧式、日系、中式等风格。虽然新娘美妆看起来与婚纱摄影的妆容造型很相似，但是还是存在一定的差别，会在后面的章节详细讲解。

　　不管是影楼还是摄影工作室，归根结底都是将影像产品呈现给自己的客户群。其实现在影楼和摄影工作室的概念界线越来越模糊，影楼在寻求自己的变化突破，而一些成功的摄影工作室也在借鉴影楼的管理方式。不管是影楼还是摄影工作室都需要有想法、能创新的化妆造型师来给自己的产品加分。

4.2 影楼妆容造型案例解析

4.2.1 端庄高贵白纱妆容造型

端庄高贵白纱妆容造型概述

端庄高贵白纱妆容造型在影楼妆容造型中应用的频率非常高，主要是因为它符合大部分人的气质。之所以很多人会选择拍摄一组端庄高贵感的照片，是因为拍婚纱照是人生中的一件大事，很多人愿意用端庄、高贵、大气的形象来诠释这一点。

妆容配比

端庄高贵白纱妆容造型的色彩主要采用金棕色、亚光咖啡色，因为这样的色彩不像其他色彩那么跳跃，显得比较庄重。而相比之下亚光咖啡色容易造成年龄大、老成的感觉，金棕色会产生更好的效果。小烟熏、渐层式、局部修饰等处理手法搭配自然微挑的眉形，可自然提升气质；腮红搭配自然肉色或淡金色璀璨感唇彩能达到很好的效果。

造型感觉

端庄高贵白纱妆容造型主要以盘发造型为主，如果要体现高贵感，造型最低处不会低于肩颈位置。如果想以盘发表现庄重感，可以将造型表面做得尽量光滑，将造型的体积做得略大些。如果想表现在端庄高贵中带有一丝柔美，可以将造型的层次感做得更自然些。

饰品的选择

皇冠、珍珠类饰品是端庄高贵白纱妆容造型的常用饰品。一般在选择饰品的时候，要注意饰品应给人华贵的感觉，尽量不要选择花朵和蕾丝等清新、柔美的饰品。

服装款式

服装款式比较多样，一些传统款式的服装（如连肩、带袖的婚纱）很适合搭配端庄高贵的妆容造型。面料的质感上，缎面婚纱更适合搭配端庄高贵感妆容造型。

适合人群

大部分人都适合端庄高贵感妆容造型。而相对于其他妆容造型，这种妆容造型更适合一些年龄偏大的人。如果年龄非常小，尽量不要采用这种妆容造型。因为这种妆容造型在一定程度上使人显成熟，而如果本身年龄很小，会与本身的气质产生冲突。

01 在上眼睑位置用珠光白色眼影提亮。

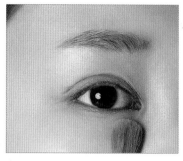

02 在内眼角位置用少量珠光白色眼影提亮。

03 在上眼睑靠近睫毛根部位置用深金棕色眼影晕染过渡。

04 在下眼睑位置用深金棕色眼影晕染过渡。

05 在上眼睑位置用金棕色眼影晕染过渡。

06 提拉上眼睑皮肤，描画黑色眼线。

07 将睫毛夹翘后用睫毛膏自然刷涂睫毛。

08 靠近睫毛根部粘贴自然感假睫毛。

09 用棕色染眉膏将眉毛染淡。

10 用咖啡色眉笔描画眉形。

11 自然晕染偏橘色腮红。

12 在唇部涂抹橘红色唇膏。

13 用唇彩点缀，使唇色亮泽、自然。

14 将顶区的头发收拢，使其隆起一定的高度。

15 将顶区的头发用皮筋扎起。

16 将扎起的头发编成三股辫。

17 将编好的头发盘成一个小发髻。

18 将后发区右侧的头发向左上方提拉并固定。

19 将后发区剩余的头发向上提拉并固定。

20 将刘海区的头发推出一定的高度，并用鸭嘴夹暂时固定。

21 调整刘海区的头发，使之具有层次感。将发尾在右耳上方固定。

<u>22</u> 对刘海区头发进行喷胶定型。

<u>23</u> 从左侧取一片发片，向右侧打卷。

<u>24</u> 将打卷的头发在右侧固定。

<u>25</u> 将左侧剩余的头发扭转，使其隆起一定的弧度并进行固定。

<u>26</u> 将发尾在后发区固定。

<u>27</u> 佩戴饰品。

<u>28</u> 调整左侧刘海区的发丝并喷胶定型。

<u>29</u> 调整刘海区的发丝，对额头进行修饰。

<u>30</u> 调整右侧的发丝，使之产生层次感并喷胶定型。

4.2.2 简约气质白纱妆容造型

简约气质白纱妆容造型概述

简约气质白纱妆容造型主要是通过化妆造型手法技巧，表现简单而精致的妆容造型。不同人的喜爱和偏好各有不同，有人喜欢夸张华丽的感觉，有人对自然本色的妆容造型情有独钟。不过所谓的简约并不是随便，同样需要精心修饰矫正。有时候简约感妆容造型的处理难度反而更大，因为缺少了很多起修饰作用的元素，对化妆造型师的功底和客人本身的形象都是考验。

妆容配比

简约气质白纱妆容不会像某些风格那样用大面积的彩色和过于浓密的睫毛改变本身固有的眼形。而对于眼妆的色彩，大部分情况下都会运用比较浅淡的色彩，如淡淡的蓝色、淡淡的紫色、粉色、浅金棕色。在眼影画法上，平涂、小渐层、局部修饰是比较常用的手法，睫毛会处理得比较自然。眼线根据眼睛本身的形状进行调整，上眼线的处理以睁开眼睛能看到一条窄窄的、流畅的眼线为标准，不宜过宽。眉形应处理得自然平缓。妆容比较淡雅，唇色和腮红都以自然为好，使整个妆容看上去没有经过于繁杂的修饰。

造型感觉

简约气质白纱造型总体会遵循一点，即看上去不复杂。我们在处理造型的时候，不管是卷发还是盘发，都要使造型看上去简单精练。同时，不要佩戴大量的饰品。饰品一般用于修饰造型的某一个薄弱点，起到为造型增色和弥补发型缺陷的作用。

饰品的选择

饰品的选择没有太多的限制，如蝴蝶结可以营造可爱的简约感，皇冠可以营造高贵的简约感。不管使用哪种饰品，都以不夸张、不复杂为标准。

服装款式

与选择饰品的道理一样，可爱的风格可以简约，高贵的风格也可以简约。对于服装的选择，应选择款式设计不过于复杂的服装。

适合人群

简约气质白纱妆容造型要求新娘的脸形要好，瓜子脸、鹅蛋脸都比较适合。因为简约的造型对脸形的修饰作用很小，所以只有脸形比较好才容易出效果。眼睛不需要做大幅度的调整，否则很容易使妆容过浓，不符合简约的主题风格。

<u>01</u> 在上眼睑位置用浅金棕色眼影晕染过渡。

<u>02</u> 在整个下眼睑用浅金棕色眼影晕染过渡。

<u>03</u> 在上眼睑眼尾位置用金棕色眼影加深晕染。

<u>04</u> 从眼头用金棕色眼影向后晕染过渡。

<u>05</u> 在下眼睑位置用金棕色眼影晕染过渡。

<u>06</u> 将上睫毛夹翘后提拉上眼睑皮肤，刷涂睫毛膏。

<u>07</u> 提拉上眼睑皮肤，用黑色眼线液笔描画眼线。

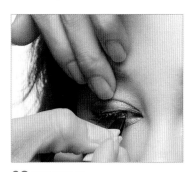

<u>08</u> 粘贴假睫毛。

<u>09</u> 用镊子轻压眼头及眼尾的假睫毛，使其粘贴得更加牢固。

<u>10</u> 在上眼睑后半段再粘贴一段假睫毛。

<u>11</u> 用黑色眉笔描画眉毛，加深眉形。

<u>12</u> 将眉尾向后拉长，重点描画局部。

13 在唇部涂抹红色光泽感唇膏，使唇部饱满自然。

14 斜向晕染红润感腮红，协调眼妆与唇妆的关系，提升妆感。

15 分出顶区及部分后发区的头发，在头顶位置扎马尾。

16 将马尾在头顶位置打卷。

17 将打好卷的头发固定在头顶位置。

18 将刘海区的头发进行两股辫编发，并向后发区方向提拉。

19 将两股辫适当抽丝后固定在顶区。

20 将左侧发区的头发进行两股辫编发。

21 将编好的头发适当抽丝后固定在顶区。

<u>22</u> 在后发区右侧分出头发进行两股辫编发并抽丝。

<u>23</u> 将抽好丝的头发固定在顶区。

<u>24</u> 将后发区右侧的头发进行两股辫编发并抽丝。

<u>25</u> 将抽好丝的头发向顶区提拉并固定。

<u>26</u> 将后发区剩余的头发进行两股辫编发并抽丝。

<u>27</u> 将头发向顶区提拉并固定。

<u>28</u> 整理刘海区的头发。用电卷棒将刘海区的头发烫卷。

<u>29</u> 调整卷发的层次并将剩余的散碎发丝进行烫卷。

<u>30</u> 在顶区佩戴饰品，装饰造型。

4.2.3 浪漫唯美白纱妆容造型

浪漫唯美白纱妆容造型概述

浪漫唯美白纱妆容造型在影楼妆容造型中运用得非常广泛。在处理浪漫唯美白纱妆容造型的时候，更要注重对其意境的把握。例如，眼影、眉形及造型的层次等是不是表达出了主题。每一种妆容造型都有它所要表现的关键要素及适合的人群。如果我们能够抓住这些关键要素，那么我们的工作会事半功倍。

妆容配比

在处理浪漫唯美白纱妆容的时候，妆容的色彩更加注重自然柔和、温馨感。在眼妆色彩上，体现自然感的浅金棕色、浪漫的浅紫色、清新的橘色等都是很好的选择。在处理眼妆的时候，不要画过重的眼线及粘贴过于浓密的假睫毛，这样会使妆感过于夸张、俗艳。眉形要自然柔和，腮红主要起到柔和妆容的作用，眼影的处理更注重的是协调整个妆容，而不是强调结构。在整个妆容上，眉形、眼影、腮红、唇彩都应从各个角度体现妆容的浪漫唯美感，所以浪漫唯美感的妆容不是过分地突出某一点，而是通过每一个部分的作用完善整个妆容。

造型感觉

不管是盘发还是散发，这类妆容造型都要体现很好的层次感及自然的感觉。换言之，就是不要刻意强调某一个局部的细节。层次感好的、重量感轻的盘发和包发造型，自然散开的大波浪造型等都非常合适。

饰品的选择

羽毛质感的配饰，色彩柔和的绢花、蕾丝、纱都比较适合作为浪漫唯美感妆容造型的饰品。在选择饰品的时候，不要选择过于庄重的饰品，以及重量感过强的饰品，否则会给人以厚重感，偏离主题。

服装款式

纱质感的婚纱在浪漫唯美妆容造型中用得比较多，但这并不是绝对的。缎面婚纱同样可以运用在浪漫唯美妆容造型中，只是在款式上要注意创新，抹胸、蓬裙、拖尾、公主袖等款式都可以采用。

适合人群

基于妆面的感觉，浪漫唯美妆容造型更适合五官相对完美不需要过多修饰的人群，以及气质比较优雅，年龄感上不过于稚嫩也不过于老成的人群。

01 淡淡地晕染橘色腮红，以提升妆容质感。

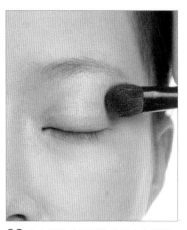

02 在上眼睑位置晕染珠光白色眼影。

03 在下眼睑位置晕染少量珠光白色眼影。

04 在上眼睑位置晕染香槟金色眼影。

05 在下眼睑位置晕染香槟金色眼影。

06 在上眼睑和下眼睑位置用金棕色眼影加深晕染。

07 在眼头和眼尾位置用金棕色眼影局部加深晕染。

08 提拉上眼睑皮肤，描画自然的眼线。

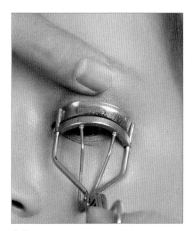

09 提拉上眼睑皮肤，用睫毛夹将睫毛夹卷翘。

<u>10</u> 用睫毛膏刷涂上睫毛。

<u>11</u> 用睫毛膏刷涂下睫毛。

<u>12</u> 紧靠真睫毛根部粘贴假睫毛。

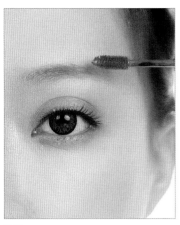

<u>13</u> 用棕色染眉膏刷涂眉毛，使眉色变淡。

<u>14</u> 用棕色眉笔描画眉形。

<u>15</u> 用棕色眉笔加深眉头位置。

<u>16</u> 在眼头位置用少量香槟金色眼影晕染。

<u>17</u> 在上眼睑后半段靠近睫毛根部晕染亚光玫红色眼影。

<u>18</u> 在下眼睑眼尾位置少量晕染亚光玫红色眼影。

19 在唇部涂刷橘色唇膏。然后在此基础上点缀唇彩，使其呈现更加润泽的感觉。

20 将顶区的头发分出，并适当抽出发丝，使之有层次感，使顶区发型轮廓更加饱满。

21 将顶区的头发盘成一个小发髻，抽丝，使之更具层次感。

22 将后发区右侧的头发向左上方提起并拧紧。

23 将后发区左侧的头发向右上方提起并拧紧，与右侧的头发一起进行两股拧绳处理。

24 将拧好的头发向右上方提起并固定。

25 取刘海区左侧的头发，拧转后抽丝。

26 将刘海区左侧头发的发尾固定到小发髻上。取刘海区右侧的头发，拧转后抽丝，将发尾在头顶位置固定。

27 将刘海区左侧的头发适当调整出层次并进行固定。

28 将刘海区右侧的头发适当调整出层次并进行固定。

29 在后发区下方抽出一些散落的发丝，使造型更灵动。

30 佩戴饰品，以修饰造型。

31 调整发丝，对饰品进行适当的修饰。

4.2.4 时尚大气白纱妆容造型

时尚大气白纱妆容造型概述

时尚大气白纱妆容造型主要是通过化妆造型手法，打造具有特别妆感的妆容造型。时尚大气的妆容造型并不是说要通过浓艳的妆容和夸张的造型来体现时尚感，而是要通过精心的设计使其具有与众不同的美感。同时，我们还可以借助媒体多了解当下的流行趋势，将其融入我们的化妆造型中。当然，婚纱妆容造型都是以客户为中心的，所以在考虑时尚感的同时，还要考虑是否适合客户及客户的接受能力。

妆容配比

时尚大气白纱妆容主要是对流行元素的运用。随着时间的推移，流行元素在不断发生变化，过去的时尚对当下来说就是过时的，而现在的时尚也会被将来的时尚取代，所以要明白其变化特点。对于近年来在妆容上流行的元素，都可以尝试融入自己设计的妆容中去。而最近流行的妆容已经不再是过于夸张、浓艳的妆容，而是比较淡雅柔和的妆容，我们可以在细节的处理上体现妆容的时尚感。

造型感觉

要做到造型和妆容的协调统一，就要在处理造型的时候更多地考虑其与妆容、服装的整体感。除此之外，还要注意饰品的样式和佩戴位置。总体来说，要对流行元素有一定的敏感性。

饰品的选择

适合此种造型的饰品多种多样，如羽毛、水钻类的饰品，造型感特别的皇冠、纱类饰品……关键是如何利用这些饰品。而饰品的选择和运用往往与设计者的审美观和阅历有必然的联系，所以化妆造型师提升修养品位很重要。

服装款式

此种造型对服装款式没有具体的限定，但是服装款式应有特点，设计感要强。也就是说，服装要有亮点。例如，华丽的蓬裙白纱有特别的肩部、胸部的款式设计等。

适合人群

首先是目标客户要能接受设计理念，时尚妆容造型的设计肯定会与传统的理念有所出入，如眼妆的表现形式、色彩等。不同客户对美的理解不同，所以只有化妆造型师与客户的理念相吻合才能使工作顺利进行。其次是客户的自身条件，不是每个人都适合时尚大气白纱妆容造型，这种妆容造型一般比较适合五官比较立体、脸形标准、表情和肢体表现力俱佳的客户。

01 在上眼睑位置用珠光白色眼影晕染过渡。

02 在下眼睑位置用珠光白色眼影晕染过渡。

03 提拉上眼睑皮肤，将上睫毛夹卷翘。

04 提拉上眼睑皮肤，刷涂睫毛膏。

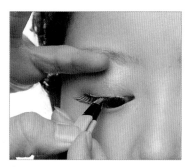

05 粘贴假睫毛。

06 用镊子向上抬假睫毛，使眼尾位置的假睫毛自然卷翘。

07 用镊子轻轻按压假睫毛，使其粘贴得更加牢固。

08 用睫毛胶水在假睫毛上方刷出一个刷头的宽度后将假睫毛向上抬，使其更加卷翘。

09 在上眼睑位置晕染香槟色眼影。

10 在下眼睑位置用香槟色眼影晕染过渡。

11 在上眼睑靠近眼尾位置晕染金棕色眼影。

12 在下眼睑靠近眼尾位置晕染金棕色眼影。

13 用珠光白色眼线笔描画下眼睑眼头。

14 用咖啡色眉笔描画眉形。

15 适当加深描画眉峰位置。

16 眉形不要过粗，应呈现自然流畅的感觉。

17 用玫红色唇膏描画唇形。

18 将唇边缘的唇膏涂抹开，使轮廓线不过于明显。

19 斜向晕染淡淡的腮红，使肤色柔和自然。

20 将顶区的头发扎马尾后进行打卷。

21 将打好卷的头发固定并对其轮廓做调整。

22 将后发区的头发进行三股辫编发。

23 将编好的头发用皮筋收拢并固定。

24 将头发向上提拉并在顶区固定。

25 用尖尾梳调整刘海区头发的层次。

26 将右侧发区的头发进行两股辫编发。

27 将编好的头发固定在后发区。

28 将左侧发区剩余的头发扭转并调整好层次后固定在后发区。

29 在头顶佩戴饰品，装饰造型。适当调整发丝。

30 佩戴蝴蝶饰品，以修饰造型。

4.2.5 灵动森系白纱妆容造型

灵动森系白纱妆容造型概述

灵动森系白纱妆容造型主要通过妆容造型手法表现清纯感。很多人喜欢这样的感觉，不过并不是每个人都适合这种妆容造型。做这种妆容造型之前，要先观察对象的整体气质。也可以利用一些方法隐藏眼睛流露出的年龄感，如戴美瞳。品种多样的美瞳在我们做妆容设计的时候可以适当地采用。

妆容配比

要想突出灵动森系的妆容感觉，就需适当地将眼睛加宽，但是还是要让人能够接受。一般我们会重点在睫毛的处理上下功夫，选择粉嫩感的色彩，不用刻意地用腮红修饰面部。值得一提的是，在处理眉毛时，不要处理得过于高挑，使其平顺、自然即可。

造型感觉

此类风格的造型注意要打造出层次感，注意发丝层次的灵动自然，不要做过于光滑、老成的造型。

饰品的选择

适合此种造型的饰品多种多样，如蝴蝶结、蕾丝发卡、花朵饰品等。一般所选择饰品的质感都比较柔和，不适合选择皇冠等感觉比较沉重的饰品。

服装款式

适合此种造型的服装样式非常多，而我们更应该注重的是服装的质感。一般较多选择轻柔的纱质服装。服装给人的感觉不能太沉重，款式不要太老旧。

适合人群

灵动森系白纱妆容造型比较适合脸形骨骼感不太强、皮肤细嫩、年龄感偏小、性格活泼、眼神清澈的人，以及娃娃脸、瓜子脸的人。

01 在鼻侧区域用咖啡色暗影粉进行适当加深。

02 在上眼睑位置用珠光白色眼影晕染过渡。

03 在下眼睑眼头位置用珠光白色眼影晕染过渡。

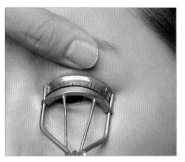

04 提拉上眼睑皮肤，用睫毛夹将睫毛夹翘。

05 提拉上眼睑皮肤，刷涂睫毛膏。

06 提拉上眼睑皮肤，用黑色眼线笔描画内眼线。

07 可以向睫毛上方描画一点眼线。

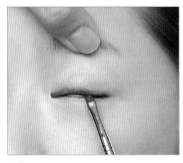

08 用小眼影刷将眼线晕染开。

09 提拉上眼睑皮肤，在上眼睑后半段靠近睫毛根部粘贴假睫毛。

10 提拉上眼睑皮肤，在上眼睑前半段粘贴假睫毛。

11 在上眼睑位置用金棕色眼影晕染过渡。

12 提拉上眼睑皮肤，刷涂睫毛膏，使真假睫毛衔接得更好。

13 在下眼睑后半段位置用金棕色眼影晕染过渡。

14 用咖啡色眉粉刷涂眉形，使眉形轮廓更加清晰。

15 用咖啡色眉笔补充描画眉形。

16 在唇部涂鎏金粉色唇膏，使唇色粉嫩自然。

17 斜向晕染粉色珠光质感的腮红。

18 用珠光提亮粉将苹果肌位置提亮，使腮红更自然、五官更立体。

19 用电卷棒将头发烫卷。

20 将顶区的头发保留发尾盘起后固定在头顶位置。

21 将后发区上方的头发保留发尾扭转、盘起并调整层次。

22 将调整好的头发固定在后发区。

23 将左侧发区部分头发进行两股辫编发并抽丝。

24 将抽好丝的头发固定在后发区右下方。

25 从右侧发区分出部分头发,以相同的方式固定在后发区左侧。

26 将右侧发区剩余的头发调整好层次后固定在后发区。

27 从后发区左侧分出部分头发,调整层次后固定在后发区。

28 从后发区右侧分出部分头发,适当扭转并调整层次后固定在后发区下方。

29 在头顶佩戴饰品,装饰造型。

30 调整刘海区两侧头发的层次。

31 将剩余头发用电卷棒烫卷。

32 用发丝适当修饰饰品。

33 在后发区佩戴蜻蜓饰品,装饰造型。

4.2.6 典雅复古白纱妆容造型

典雅复古白纱妆容造型概述

典雅复古白纱妆容造型主要通过妆容造型手法展现女性柔和、唯美的感觉。典雅的妆容造型带有一种复古的美感，内敛而耐看，整体普遍表现得干净、整洁，轮廓线优美。典雅复古的妆容造型在婚纱摄影中总是占有一席之地的，这种妆容造型能很好地修饰五官及脸形，并且容易让人接受，所以使用频率很高。

妆容配比

在典雅复古白纱妆容造型中，眼妆尤其重要。在处理眼妆的时候，通常会将眼睛处理得有神而略带复古的妩媚。可以将眼形处理得修长一些，常采用渐层和局部修饰的方法画眼影，常采用金棕色、棕红色等颜色。眉形应根据脸形做调整，如脸形偏短，眉形可以适当高挑一些。唇色普遍是比较自然的，不必过于浓艳。可适当用腮红修饰面部轮廓，腮红一般处理得比较自然立体。

造型感觉

典雅复古白纱造型普遍是以盘发造型为主的，有些面相比较成熟的人做这类造型可能会显得老气。在做造型时，如果想避免老气，可以用电卷棒将头发烫出一些纹理。这样做出来的造型会自然很多。也可以利用饰品让造型变得更灵动一些。

饰品的选择

适合典雅复古白纱妆容造型的饰品一般倾向于花材、纱、珍珠类的饰品。这样的饰品比较柔美。有时候也可以选择礼帽饰品装饰造型，使造型更加典雅复古。

服装款式

服装以纱制服装或者纱与缎类布料相结合的服装为好，纯缎料质感的服装会显得过于沉重或隆重，不太适合这类风格的妆容造型。用抹胸婚纱、有肩带的婚纱、连领婚纱、包肩婚纱做典雅复古白纱妆容造型都没有问题。

适合人群

大部分人都适合典雅复古白纱妆容造型，但以气质优雅、略带成熟韵味的客户为佳。在准备设计这种妆容造型的时候，要提前做好沟通，适合不等于客户真的喜欢，所以让客户了解妆容造型的样式是非常必要的。

01 粘贴美目贴以加宽双眼皮，在上眼睑位置用亚光白色眼影提亮。

02 在上眼睑位置晕染暗红色眼影。

03 对眼头位置进行局部加深晕染。

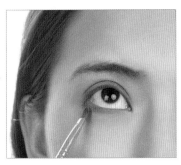

04 在下眼睑位置晕染亚光暗红色眼影。

05 提拉上眼睑皮肤，用黑色眼线笔描画眼线。

06 提拉上眼睑皮肤将睫毛夹卷翘。

07 提拉上眼睑皮肤，刷涂睫毛膏，使睫毛更加浓密。

08 将睫毛纤维刷涂在睫毛上。

09 继续刷涂睫毛膏以拉长睫毛。

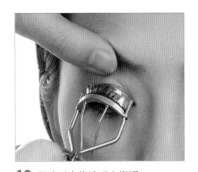

10 用睫毛夹将睫毛夹卷翘。

11 用眉睫梳将睫毛梳顺。

12 在真上睫毛下方分段粘贴假睫毛。

13 以从后向前的顺序粘贴假睫毛。

14 在眼头位置用珠光白色眼影提亮。

15 在上眼睑位置用珠光白色眼影提亮。

16 用染眉膏将眉色染淡。

17 用棕色水眉笔描画眉形。

18 对眉头的位置进行细节描画。

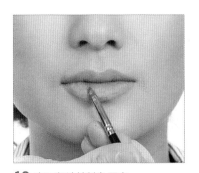

19 在唇部涂抹粉色唇膏。

20 斜向晕染腮红，以提升面部的立体感。

21 将后发区左侧及顶区的头发向后发区右侧横向提拉。

22 将头发固定在后发区右侧。

23 将头发收拢后向后发区左侧提拉。

24 将提拉的头发固定好后，继续将头发在后发区下方扭转并固定。

25 将后发区剩余的头发在后发区下方收拢并固定。

26 将刘海区的头发中分后，将左侧部分在左侧发区推出弧度。

27 将头发向上翻卷并固定在后发区。

28 将发尾在后发区打卷并固定。

29 用尖尾梳将右刘海区剩余的头发梳拢。

30 用尖尾梳将头发推出弧度并固定。

31 将剩余的发尾在后发区右侧打卷并固定。

32 佩戴帽子，装饰造型。

33 在帽子及造型两侧佩戴绢花，装饰造型。

4.2.7 画意唯美白纱妆容造型

画意唯美白纱妆容造型概述

画意唯美风格与其说是妆容造型的风格，不如说是一种摄影风格。顾名思义，画意唯美即制造出一种美如画的照片效果。化妆造型师通过自己的技艺使这种画感更加强烈，烘托整张照片的意境。如果要体现这种感觉，我们要先对绘画有一个初步的了解，也就是所谓的"画风"。当然，如果要我们深究各种绘画的流派，显然不是简短的文字可以描述完的，这里通过比较浅显的、通俗易懂的文字对其做以下简单的概述。

梦幻画意感

梦幻画意感表达的主要是一种虚幻的意境，是摄影作品经常采用的一种形式。梦幻的灵感主要来自一些童话故事，如《一千零一夜》《绿野仙踪》等。既然说是梦幻的，那么就给人很大的想象空间，将自己对故事的了解和想象整合在一起，就是梦幻的画意感。借鉴童话故事书中的插画，再加入其他元素，也会有不错的效果。

古典画意感

古典画意感来自一些壁画或者我国的神话人物形象，如飞天、嫦娥奔月等。不管是哪种画意感都需要我们对整体的造型有很好的把握，应借鉴已有的资料，再结合现有的条件，由一个点拓展延伸到整体形象。例如，飞天的形象，首先是对妆容的塑造，通过妆容描画使对象更具备古典的感觉；之后是对造型的塑造，借鉴资料设计造型；接着是对服装的选择；最后是对象的表现能力及摄影师的创意。

油画画意感

油画给我们厚重的质感，这不是化妆造型师所能达到的，但是我们可以利用妆容的色彩及整体造型来烘托出这种感觉。油画感的妆容造型方向很宽泛，很难用一个概念总结，不过正因为如此，它也相对简单。很多油画感的创意往往是对一些名画的模仿。参照这些画作再结合摄影师的需求来做妆容造型，基本不会出错。

抽象画意感

表现抽象画意感时，妆容造型的作用很弱，关键在于摄影师对光影的把握。这里不再赘述。

注意：一些飘逸感的纱和质感滑顺的布是画意唯美白纱妆容造型中经常用到的元素。在画意唯美白纱妆容造型中，很少用一件普通的服装展现这种感觉，要么采用随意的包布裹纱，要么采用有特别设计感或装饰感的服装。在烘托这种意境的照片中，这些元素非常重要。若不具备这些元素，整幅作品将失去韵味。而我们在体现画意感的时候，不是完全地复制某一张画或某一幅作品，而是追寻一种相似的意境。感觉找对了，结果就不会错。本小节将以一款用自然的花朵和柔和的纱装饰的画意感妆容造型为例向大家讲解实操。

01 在上眼睑位置用珠光白色眼影提亮。

02 在下眼睑位置用珠光白色眼影提亮。

03 在上眼睑位置晕染金棕色眼影。

04 在下眼睑位置用金棕色眼影晕染。

05 在眼尾位置用金棕色眼影加深晕染。

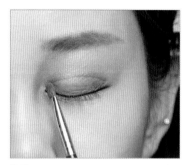

06 在眼头位置用金棕色眼影加深晕染。

07 在下眼睑位置用金棕色眼影加深晕染。

08 提拉上眼睑皮肤，用睫毛夹夹翘睫毛。

09 提拉上眼睑皮肤，用睫毛膏刷涂睫毛。

10 用睫毛膏刷涂下睫毛。

11 提拉上眼睑皮肤，从眼尾开始一簇簇地粘贴假睫毛。

12 越靠近内眼角位置粘贴的假睫毛越短。

13 在下眼睑位置分簇粘贴假睫毛。

14 用染眉膏刷涂眉毛，以染淡眉色。

15 用咖啡色眉笔描画眉形。

16 在唇部涂抹玫红色唇膏。

17 将唇部的边缘涂抹自然，不要有过于明显的轮廓线。

18 斜向晕染腮红，以提升面部的立体感。

19 将刘海区的头发向下打卷并固定。

20 将刘海区的头发压低并用发卡固定。

21 将左侧发区的头发向上打卷，并在刘海区左侧位置固定。

22 将发尾打卷后固定在刘海区左侧。

23 将右侧发区的头发向上打卷，并在刘海区右侧固定。

24 将发尾打卷并固定。

25 将后发区右侧的头发进行两股辫编发。

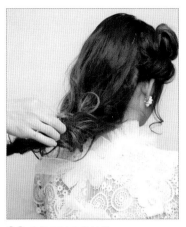

26 将编好的头发抽丝。

27 将抽好丝的头发的发尾向上提拉并固定。

28 将后发区剩余的头发进行两股辫编发。

29 将编好的头发抽丝。

30 将发尾向上收拢并固定。

31 用尖尾梳将剩余的头发进行调整。

32 佩戴帽子。

33 在右侧发区和头顶佩戴造型花，将帽子上的纱抓出层次并固定。

4.2.8 清纯柔美晚礼妆容造型

清纯柔美晚礼妆容造型概述

清纯柔美晚礼妆容造型主要通过妆容造型手法打造清新亮丽的感觉。清纯柔美晚礼妆容造型相对于其他感觉的晚礼妆容造型来说最接近白纱妆容造型，但它又有自己的特点。晚礼妆容造型为服装而打造，所以当我们看到一件晚礼服的时候，要在心中为其定位，如适合清纯柔美风格晚礼服的色彩是浅淡的，质感是轻柔的，这样处理出的妆容造型才更完美。

妆容配比

对于清纯柔美晚礼妆容造型，在化妆的时候要抓住清纯柔美这个关键词。首先在妆容色彩的运用上，可以多用彩色来化眼妆，如淡蓝色、淡绿色、淡紫色、粉色、橘色，当然也要根据服装的色彩综合考虑。其次在眼妆的处理上，色彩的饱和度要够高，不要让色彩显得浑浊。清纯柔美晚礼妆容造型在眼妆上一般会选择金棕色系的眼影，注重对眼妆、睫毛的细节刻画。眉形要自然柔和，不要将眉毛处理得过于生硬。在眼妆的表现形式上，可以采用渐层式、平涂式、局部修饰、段式等表现形式。最后在腮红和唇彩的处理上，其主要用来柔和妆容，处理得自然就好。

造型感觉

散开的卷发、公主头、盘起的卷发等造型都比较符合这种妆容风格。当然，能与饰品很好地结合也是非常重要的。

饰品的选择

适合这种妆容造型的饰品有很多，如花、纱、布、蝴蝶结、发带、小礼帽等，一般不会选择看上去很重的饰品。

服装款式与色彩

对于服装，可以选择抹胸蓬裙、公主袖蓬裙、短款蓬裙等。服装的质感要比较轻柔，可选用纱材质。符合以上条件的浅淡柔和的晚礼服都合适，如淡蓝色、淡黄色、淡紫色等颜色的晚礼服。

适合人群

看上去较稚嫩的、五官气质比较柔和的客人比较适合此类妆容造型。

01 用浅金棕色眼影对上眼睑位置进行晕染。

02 用浅金棕色眼影对下眼睑位置进行晕染。

03 在上眼睑位置用金棕色眼影进行晕染过渡。

04 在下眼睑位置用金棕色眼影晕染过渡。

05 用亚光咖啡色眼影加深晕染上眼睑后半段靠近睫毛根部的位置。

06 在下眼睑位置用亚光咖啡色眼影在眼尾位置局部加深晕染。

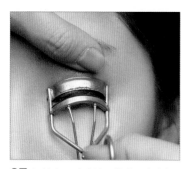

07 提拉上眼睑皮肤，将睫毛夹卷翘。

08 提拉上眼睑皮肤，用睫毛膏刷涂上睫毛。

09 用睫毛膏刷涂下睫毛。

10 从眼尾位置开始一根根地粘贴假睫毛。

11 将假睫毛紧贴真睫毛根部粘贴。

12 越靠近内眼角位置粘贴的假睫毛长度越短。

13 从下眼睑眼尾开始向前粘贴假睫毛。

14 下眼睑的睫毛粘贴得比较密，注意睫毛之间的衔接。

15 越靠近内眼角位置的假睫毛越短。

16 用染眉膏将眉色染淡。

17 用咖啡色眉粉描画眉形。

18 用橘色唇膏涂抹嘴唇。

19 晕染橘色腮红，使妆感更加柔和。

20 将后发区及顶区的头发扎马尾。

21 用发网将头发分片套住。

22 将其中一片打卷并固定。

23 将另外一片内扣打卷。

24 将打好卷的头发固定。

25 从头顶右侧分出部分头发，向左侧拉伸进行两股辫编发。

26 将编好的头发抽丝。

27 将发尾固定在后发区。

28 将右侧发区的头发进行两股辫编发并抽丝。

29 将头发固定在后发区。

30 在头顶左侧分出部分头发，向右侧拉伸并进行两股辫编发。

<u>31</u> 将辫好的头发抽丝。

<u>32</u> 将发尾固定在顶区后方。

<u>33</u> 从左侧发区分出部分头发进行两股辫编发抽丝。

<u>34</u> 将发尾固定在左侧发区上方。

<u>35</u> 将左侧发区剩余的头发调整出层次并固定。

<u>36</u> 将刘海区的头发调整出层次。

<u>37</u> 将刘海区的头发进行固定。

<u>38</u> 将右侧发区剩余的头发调整好层次并固定。

<u>39</u> 在造型上点缀造型花，装饰造型。

4.2.9 时尚个性晚礼妆容造型

时尚个性晚礼妆容造型概述

时尚个性晚礼妆容造型主要服务于有自己想法的客人，或者说化妆造型师的一些时尚想法刚好符合客人的需求。时尚个性并不是另类夸张，是在某些细节上体现与别人的不同之处。造型的处理方法、饰品的搭配、妆容上的小装饰等都能体现一些独特的感觉。

妆容配比

打造时尚个性晚礼妆容的方法非常多。例如，单一突出性感唇形的妆容、整体妖娆的妆容、黑色烟熏眼妆、彩色眼妆；也可以在妆容上点缀饰物，如水钻等；或者在局部进行彩绘。一般在处理时尚个性妆容时，会重点刻画某个部位。对细节的把握很重要，如可以一根根地粘贴下睫毛，将妆容表现得更加精致。

造型感觉

对于此类妆容造型，造型的感觉很多样，有时候可以做一些标新立异的造型。卷发、盘发、彩色假发、打毛的头发等都适用。只要搭配得当，就能打造出时尚个性的造型。

饰品的选择

彩色的羽毛、帽子、珠链、纱、花朵、黑白色羽毛、金属饰品等都适用，可根据服装的风格选择并巧妙地佩戴。有时候，饰品是可以相互结合使用的。

服装款式与色彩

在服装款式方面，可以选择的有很多，以简洁为主，不会有过多柔美的设计和点缀。在色彩方面，可以选择的颜色很多，深色和浅色只要搭配得当就可以营造出时尚个性的感觉。

适合人群

此类妆容造型适合五官立体、身材骨感的人。最好是五官的某个部位比较有特点，不一定是长相非常完美的人，但一定要有自己的特色。还适合接受新事物的能力比较强的人。

01 在上眼睑位置用珠光白色眼影晕染提亮。

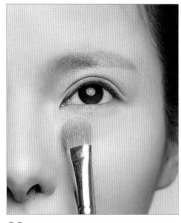

02 在下眼睑位置用珠光白色眼影晕染提亮。

03 在上眼睑位置晕染亚光红色眼影。

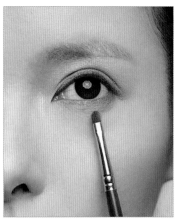

04 在下眼睑位置晕染亚光红色眼影。

05 晕染红润腮红,以提升面部的立体感。

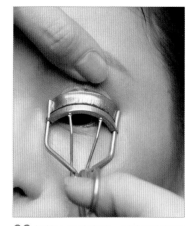

06 提拉上眼睑皮肤,用睫毛夹将睫毛夹翘。

07 提拉上眼睑皮肤,用睫毛膏将上睫毛刷浓密。

08 用睫毛膏刷涂下睫毛。

09 在上睫毛后半段粘贴假睫毛。

<u>10</u> 从下眼睑眼尾位置开始粘贴假睫毛。

<u>11</u> 粘贴好假睫毛之后用镊子轻轻按压假睫毛，使其粘贴得更加牢固。

<u>12</u> 用染眉膏将眉色染淡。

<u>13</u> 刷涂咖啡色眉粉，使眉色自然、柔和。

<u>14</u> 用亚光红色唇膏打造轮廓饱满的唇形。

<u>15</u> 用暗红色唇膏描画唇边缘轮廓，使唇形更加立体。

<u>16</u> 从顶区分出部分头发进行两股辫编发。

<u>17</u> 将编好的头发向上收拢并固定。

<u>18</u> 从后发区右侧分出部分头发，进行两股辫编发。

19 将编好的头发适当抽丝。

20 将头发向上提拉，收拢并固定。

21 将后发区剩余的头发进行两股辫编发并抽丝。

22 将编好的头发向上收拢，并在头顶位置固定。

23 调整左侧发区和右侧发区头发的层次。

24 用尖尾梳调整刘海区头发的层次。

25 佩戴黑色网纱。

26 在两侧发区佩戴鲜花，装饰造型。

27 在头顶佩戴鲜花，装饰造型。

4.2.10 性感妩媚晚礼妆容造型

性感妩媚晚礼妆容造型概述

性感妩媚晚礼妆容造型更多的是体现一种妖娆、妩媚的感觉。不过这类妆容造型对身材有一定的要求。性感妩媚感觉的晚礼妆容造型一般会选择搭配腰部以上比较贴身的晚礼服，所以身材过胖或者过瘦的人不太适合这种妆容造型。另外，性感妩媚晚礼妆容造型相对来说修饰性比较强，所以脸形过宽的人不适合这种妆容造型，会看上去不够妩媚，反而像"脸谱"一样。

妆容配比

对于这种妆容造型的眼妆，可以描画得妩媚一些，怎样表现这种感觉呢？可以通过拉长眼线、勾画内眼角拉长眼形，可以通过眼影修饰眼睛的后半段，也可以通过眼影或者粉底使眼窝显得凹陷一些，这样整个眼妆看上去就会比较妩媚。对于有些妩媚的妆容，可以用妩媚的眼妆搭配性感的亚光红唇，这样整体的妩媚感会更加强烈。不过这种处理方式并不是每个人都能驾驭的，不得当的搭配会使妆容俗艳、无美感。紫色、暗红色、金棕色是处理这种妆容造型常用的颜色。

造型感觉

这种妆容造型主要在妆容上体现性感妩媚的感觉，对造型的要求主要是要符合服装的感觉，可选择的造型样式很多。

饰品的选择

羽毛类、彩纱类、颜色较深的复古花饰、彩钻类饰品都可以用来搭配这种风格的妆容造型。

服装款式与色彩

对于服装款式，选择抹胸、深V、裹肩等样式的晚礼服都可以，一般会选择有光感的面料，表面大量镶嵌亮片的晚礼服比较适合这种感觉的妆容造型，切记不要选择可爱感的服装。常见的颜色是紫色、宝蓝色、酒红色、大红色、玫红色、暖橘色等。

适合人群

这类妆容造型适合比较有女人味、身材匀称的客人，同时要求客人的脸部脂肪不能太多。鹅蛋脸的人是最佳选择。不适合面颊棱角过于突出的人。

01 将真睫毛处理好，在上眼睑紧靠真睫毛根部粘贴假睫毛。

02 用珠光白色眼线笔描画眼头。

03 在上眼睑位置用粉红色眼影自然晕染过渡。

04 在下眼睑位置用粉红色眼影晕染过渡。

05 在上眼睑位置用金色眼影晕染过渡。

06 在下眼睑位置用金色眼影晕染过渡。

07 在上眼睑眼尾位置用黑色眼影晕染过渡。

08 在下眼睑眼尾位置用黑色眼影晕染过渡。

09 用黑色眉笔描画眉形。

10 自然拉长眉尾，使整个眉形自然、柔和。

11 用紫红色唇膏描画轮廓饱满的唇形。

12 晕染淡淡的粉嫩感腮红，使妆感更加协调。

13 将右侧刘海区的头发适当调整出层次感，并在右侧发区固定。

14 将左侧刘海区的头发保留发尾的层次感，并在头顶位置固定。

15 分出顶区的头发。

16 将顶区的头发进行两股辫编发。

17 将顶区编好的头发在头顶盘起并固定。

18 在左侧刘海区佩戴饰品。

19 在头顶佩戴饰品。

20 在右侧发区佩戴饰品。

21 将后发区左侧的头发向上打卷。

22 将打卷的头发在后发区下方固定。

23 将后发区剩余的头发向上打卷。

24 将打卷的头发在后发区下方固定。

4.2.11 优雅复古晚礼妆容造型

优雅复古晚礼妆容造型概述

优雅复古晚礼妆容造型主要通过妆容造型体现带有古典气质的女人韵味。该类妆容造型作为一种晚礼妆容造型来说，是将古典的元素以现代的手法加以运用，复古并不是一味地对过去的东西进行刻意的模仿，而是要符合现代审美及晚礼妆容造型的需要。复古妆容造型的元素有很多，如偏细长的眉形、流畅的复古眼线、复古的红唇、波纹式卷发、光滑的盘发、手推波纹等。

妆容配比

优雅复古晚礼妆容造型的妆容可以着重对眼线进行处理。眼线可以适当拉长，同时搭配眼影进行适当的修饰，眉形不要过宽，自然就好，可以选择局部加重的形式粘贴假睫毛，也可以重点表现后眼尾的假睫毛，将皮肤处理得白嫩一些。红唇搭配复古眼线也是一种很不错的搭配方式。近些年，优雅复古感觉的妆容在处理上越来越淡雅，更加注重对妆容的精致处理。优雅复古感觉的妆容造型重点还是在造型上，所以妆容要与造型很好地进行搭配。

造型感觉

造型以盘发为主，光洁、蓬起、波纹刘海是常用的造型，有时候会用打卷的手法塑造造型纹理，使造型更生动。也可以将卷发盘起打理层次，这种发型往往搭配一些复古的帽子。

饰品的选择

这种感觉的妆容造型可以选择的饰品有复古的帽子、珠花、金属感饰品、复古蝴蝶结等。

服装款式与色彩

优雅复古晚礼妆容造型比较具有成熟的气质，所以一般会选择比较有女人味的晚礼服，如修身的晚礼服、抹胸的百褶裙式晚礼服、带有披肩的晚礼服等。色彩一般选择大红色、黑色、酒红色，其中选择大红色的最多。一般不会选择淡蓝色、淡绿色、淡紫色等轻快的色彩，其他没有太多忌讳。

适合人群

成熟、优雅、有韵味的客人比较适合这种感觉的妆容造型。年龄感太小、五官过于棱角分明的人不太适合这种感觉的妆容造型。

<u>01</u> 提拉上眼睑皮肤，将睫毛夹卷翘。

<u>02</u> 用睫毛膏刷涂上睫毛。

<u>03</u> 用睫毛膏刷涂下睫毛。

<u>04</u> 在上眼睑位置晕染咖啡色眼影。

<u>05</u> 在下眼睑位置用咖啡色眼影晕染过渡。

<u>06</u> 在上眼睑位置用金棕色眼影晕染过渡。

<u>07</u> 在下眼睑位置用金棕色眼影晕染过渡。

<u>08</u> 提拉上眼睑皮肤，用睫毛膏刷涂睫毛。

<u>09</u> 从上眼睑眼尾开始分段粘贴假睫毛。

<u>10</u> 从后向前粘贴假睫毛，注意假睫毛的长短过渡要自然流畅。

<u>11</u> 用镊子轻轻按压假睫毛并调整角度，使其更加牢固。

<u>12</u> 在下眼睑位置从后向前一根根地粘贴假睫毛。

13 粘贴下眼睑假睫毛时，注意假睫毛要符合睫毛的正常生长角度。

14 粘贴好的下眼睑假睫毛呈后长前短的排列方式。

15 用染眉膏将眉色染淡。

16 用咖啡色眉笔描画眉形。

17 下笔要轻柔，眉头要自然柔和。

18 用具有光泽感的粉红色唇膏描画唇形，唇形轮廓要饱满自然。

19 晕染红润自然的腮红，以协调妆感。

20 将后发区的头发进行三股辫编发。

21 将编好的头发固定在后发区。

<u>22</u> 将刘海区的头发向后梳理。

<u>23</u> 用尖尾梳将刘海区梳理好的头发向前推出弧度并固定。

<u>24</u> 将头发在右侧发区推出弧度并固定。

<u>25</u> 将剩余的发尾在后发区收拢并固定。

<u>26</u> 将左侧发区的头发用尖尾梳推出弧度。

<u>27</u> 将推好的弧度固定后，继续用尖尾梳推出弧度。

<u>28</u> 将推好的弧度固定。

<u>29</u> 继续将左侧发区的头发向前推出弧度，并将剩余的头发固定在后发区。

<u>30</u> 佩戴帽子，装饰造型。

4.2.12 清新唯美晚礼化妆造型

清新唯美晚礼化妆造型概述

清新唯美晚礼化妆造型是指通过化妆造型塑造清新自然的美感。整体妆容清新自然，不会用过于浓重的色彩去表现，整体用色偏浅淡；在造型的处理上随意自然，这样与妆容更搭。

妆容配比

眼妆一般会采用偏橙色的眼影。注意色彩的饱和度不要过高，否则会显得眼妆过于夸张。眼影的面积一般不会太大，可以采用局部修饰和平涂的手法进行处理。眉形要自然柔和，不要将眉毛处理得过于生硬；眉毛一般处理成偏棕色。腮红和唇彩主要用来协调妆容，效果自然就好；采用与眼妆为同色系的腮红和唇妆是处理清新唯美妆容的一种常用表现手法。

造型感觉

清新唯美晚礼化妆造型的造型表现一般包括全披发、半披发、丸子头等样式。一般编发造型手法运用较多。本节对应案例的造型就是一种半披发的表现形式。

饰品的选择

饰品的选择很多，花材、彩纱、蝴蝶结、珍珠发带等都适合表现清新唯美的感觉，一般不会选择看上去很有重量感的饰品。

服装款式与色彩

服装的款式可以选择抹胸蓬裙式、公主袖蓬裙式、短款蓬裙小晚礼等。服装的质感要比较轻柔，所以大部分会选用纱材质的。符合以上条件的浅色晚礼都适合这种感觉的妆容造型，如淡橘色、淡粉色或淡绿色轻柔质感的彩纱做成的晚礼。

适合人群

适合气质温婉、眼神温柔并且身材娇小的人。

01 在上眼睑位置用珠光白色眼影晕染提亮。

02 在下眼睑眼头位置用珠光白色眼影提亮。

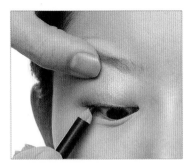

03 提拉上眼睑皮肤，用黑色眼线笔描画眼线。

04 在上眼睑位置晕染暗红色眼影。

05 从眼头向后晕染暗红色眼影。

06 在下眼睑位置晕染暗红色眼影。

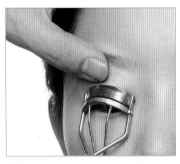

07 提拉上眼睑的皮肤，用睫毛夹将睫毛夹卷翘。

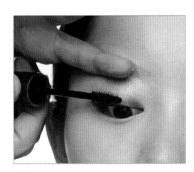

08 提拉上眼睑皮肤，刷涂睫毛膏。

09 从眼尾向前分段粘贴假睫毛。

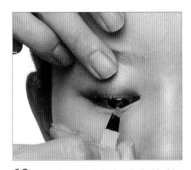

10 继续向前紧贴真睫毛根部粘贴假睫毛。

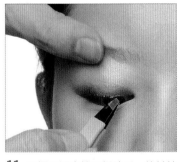

11 用镊子适当按压假睫毛，使其粘贴得更加牢固。

12 在上眼睑中间位置分段粘贴第二层比较纤长的假睫毛。

<u>13</u> 继续向前粘贴假睫毛，适当按压，使其粘贴得更牢固。

<u>14</u> 从下眼睑眼尾开始分段粘贴假睫毛。

<u>15</u> 继续向前分段粘贴假睫毛。

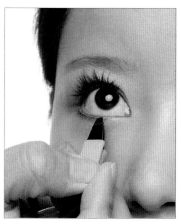

<u>16</u> 越靠前粘贴的假睫毛越短。

<u>17</u> 适当按压使假睫毛粘贴得更加牢固。

<u>18</u> 刷涂染眉膏，使眉色变淡。

<u>19</u> 用棕色水眉笔描画眉形，使眉形流畅自然。

<u>20</u> 用鎏金裸粉色唇膏描画唇形，使唇色自然润泽。

<u>21</u> 斜向晕染棕偏橘色腮红，以提升面部的立体感。

22 将顶区的头发进行两股辫编发。

23 将编好的头发抽丝。

24 将抽好丝的头发在头顶位置收拢并固定。

25 从左侧发区分出部分头发进行两股辫编发。

26 将编好的头发适当抽丝。

27 将抽好丝的头发在头顶盘绕并固定。

28 从右侧发区分出部分头发进行两股辫编发。

29 将编好的头发适当抽丝。

30 将抽好丝的头发调整好层次，并在右侧发区进行固定。

<u>31</u> 将左侧发区剩余的头发进行两股辫编发。

<u>32</u> 将编好的头发适当抽丝。

<u>33</u> 将抽好丝的头发固定在头顶位置。

<u>34</u> 将后发区的头发适当收拢并固定。

<u>35</u> 在头顶佩戴饰品，装饰造型。

<u>36</u> 用尖尾梳调整刘海区的发丝层次。

<u>37</u> 将一些发丝向上固定，对饰品进行遮挡。

<u>38</u> 在左侧佩戴造型花，装饰造型。

<u>39</u> 在右侧佩戴造型花，装饰造型。

4.2.13 旗袍妆容造型

旗袍是从旗服演变而来的一种服装，是东方典雅美的代表。现在，旗袍的魅力依然经久不衰。旗袍的种类多样，在款型、色彩上都有很多。旗袍修身的设计对身材要求比较高，在选择旗袍时，一定要把身材作为必要的考虑因素，如果穿着像"粽子"就谈不上美感了。

不同身材适合的旗袍款式

在选择旗袍时，可以根据身材存在的问题选择适合自己的旗袍。

脖子较短的人：可以选择无领或者鸡心领的旗袍。

脖子较长的人：选择高领旗袍可以让脖子看起来没那么长，并且可以提升气质。

胳膊较粗的人：选择连袖或者半袖的旗袍可以很好地修饰胳膊。

腿粗的人：选择长款旗袍，可以很好地遮挡大腿。

旗袍的色彩

旗袍的色彩有很多，不同的色彩能带给人不一样的心理感受。根据想要表达的感受及个人特点选择合适的色彩。

红色旗袍：红色代表喜庆、吉祥，一般比较适合作为新娘的喜服。最常见的是用金线刺绣点缀红色绸缎面料。

蓝色旗袍：蓝色给人优雅、端庄的感觉，适合表现知性美。蓝色旗袍上一般会有用彩线和钉珠制成的刺绣。

粉色旗袍：粉色给人的感觉是可爱甜美。粉色旗袍适合表现小家碧玉的感觉。粉色旗袍多为短款旗袍。

金 / 银色旗袍：金 / 银色旗袍给人华丽、富贵的感觉，适合表现有一定身份的女性，一般比较适合年龄略大的人。

黑 / 白 / 灰色旗袍：黑 / 白 / 灰色旗袍比较肃穆，适合穿着的场合比较少。不过，现在有人在生活中穿着改良的黑色旗袍，不但能体现气质，还具有时尚感。

旗袍的面料一般分为丝绸、软缎、绒面等。除以上说的旗袍色彩，还有很多其他色彩的旗袍，这里不做赘述。

旗袍妆容造型的妆容

旗袍妆容造型的妆容在处理上要体现"媚"的感觉，主要通过眼线、眉形加以表现。在处理唇妆的时候，唇形可以处理得薄一些。当然并不是所有的妆容都要遵循这一规律，在穿着浅色的旗袍时，如粉色、淡蓝色，可以将妆容处理得自然柔和些，主要通过造型来体现旗袍的古典美。眼妆可以采用平涂法、渐层法，想表现结构感时可以用欧式化法来处理，一般会搭配颜色比较深、造型比较优雅的旗袍。

旗袍妆容造型的造型

旗袍妆容造型的造型一般以盘发为主，以表现古典的美感。刘海区域采用波纹式的表现形式最能体现妩媚感。也有将头发梳起在后发区并佩戴罗马卷假发的形式，只是与盘发相比，表现力比较弱。造型可以是复杂的连环卷、层次卷，也可以是光滑的包发，其中包发比较大气，打卷则显得柔美。饰品有发钗、绢花等。在表现可爱甜美的女孩形象时，可搭配齐耳短发、梳辫子等造型，这种造型只适合颜色浅、表现年轻柔和感的旗袍。

手推波纹和手摆波纹是旗袍妆容造型中刘海处理的经典方法，它们的区别是手推波纹是在立体的空间中塑造刘海的曲线美，而手摆波纹是在相对平面的空间内塑造刘海的曲线美。

01 粘贴美目贴，以增加双眼皮宽度，并用珠光白色眼影提亮上眼睑位置。

02 用珠光白色眼影对下眼睑位置进行提亮。

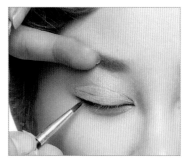

03 提拉上眼睑皮肤，用水溶性眼线粉从上眼睑中间位置开始描画眼线。

04 继续向前描画，将整条上眼线补齐。

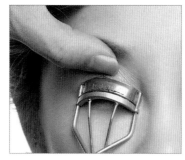

05 提拉上眼睑皮肤，用睫毛夹将睫毛夹卷翘。

06 涂刷睫毛膏，在上眼睑位置紧靠真睫毛根部粘贴假睫毛。

07 用水溶性眼线粉描画下眼线。

08 在上眼睑眼尾位置用金棕色眼影加深晕染。

09 在上眼睑眼头位置用金棕色眼影加深晕染。

10 在下眼睑眼尾位置用金棕色眼影晕染过渡。

11 用黑色眉笔描画眉形，画眉头时下笔要轻柔。

12 向后描画眉形，拉长眉尾。

13 补充描画眉形，眉形要平直、流畅。

14 用唇刷描画唇形，唇部轮廓要饱满、自然。

15 斜向晕染红润感腮红，以提升面部的立体感。

16 将顶区的头发用皮筋扎起，然后从上向下穿过。

17 将穿过的头发拉紧。

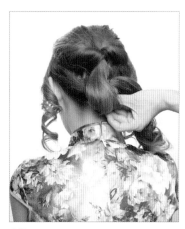

18 将后发区左侧的头发向后发区右侧扭转并固定，然后将顶区的头发向下打卷并固定。

19 将后发区右侧的头发向后发区左侧扭转并固定。

20 从后发区左侧头发的发尾中分出部分头发向上扭转并固定。

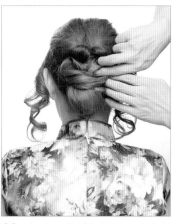

21 将后发区左侧头发的发尾向右侧打卷并固定。

22 将后发区剩余的发尾向上打卷并固定。

23 将左侧发区的头发向上翻卷并固定。

24 将左侧发区剩余发尾向上打卷并固定。

25 将刘海区左侧头发打卷并固定。

26 将刘海区右侧的头发打卷并固定。

27 将刘海区剩余发尾打卷。

28 将打好的卷固定在额头位置。

29 将右侧发区部分头发打卷并固定。

30 将右侧发区剩余的头发在后发区打卷并固定。在右侧发区佩戴饰品，装饰造型。

4.2.14 秀禾服妆容造型

秀禾服妆容造型概述

旗服是秀禾服的雏形，早期是宽宽大大的，后来才变得比较修身，在旗服外面加的一件坎肩也叫背心。秀禾服的上半身几乎照搬了旗服的样式，而下半身则是把旗服的长袍截短，再把裤子改成裙子。秀禾服的基本样式是旗服圆领，二至三幅假袖口，上衣长度在臀部与大腿之间，下装是裙子。秀禾服从假袖口到上衣，再到裙子，一层层连接起来，不仅加强了整体服饰的层次感，也增加了华丽的效果。秀禾服多绣有花鸟图案。女子在这种服装的衬托下显得秀气且大方得体。秀禾服真正为人所认识，是通过一部红遍大江南北的影视作品《橘子红了》。剧中，设计师在服装中融入了新的元素，而秀禾服正是因为周迅在片中饰演的秀禾这一角色而得名。

秀禾服妆容造型的妆容

秀禾服妆容造型的妆容属于我国古典妆容范畴，没有唐代宫廷妆容那么夸张，相对比较自然，而且在保留年代感的同时也要考虑现代的审美因素。传统的秀禾服颜色大多比较深沉，而现在的秀禾服考虑大众的接受程度，抛弃了一些比较深沉的色彩。例如玫红色、橘色等颜色比较艳丽的秀禾服较常见，最常见的秀禾服的色彩还是喜庆的"中国红"，一般作为婚礼服。在处理秀禾服妆容造型的妆容时，我们要注意以下几点。

肤质：作为古典美的妆容，在皮肤的处理上以白嫩为美，可以选择细腻、白嫩的粉底液来处理底妆。

眼妆：平涂、渐层、局部修饰都是比较适合古典妆容的眼妆表现形式，其他类型的眼妆表现形式很难呈现和谐的美感。在穿着红色秀禾服的时候，眼妆可以选择咖啡色、棕红色、金棕色的眼影；在穿着玫红色、橘色的秀禾服时，眼妆可以选择与服装主体色系相同的色彩。眼妆不宜过重，眼形应适当拉长，眉形应自然，不宜过粗。

唇妆：在穿着红色秀禾服的时候，唇妆可以处理成喜庆的红唇，唇形不宜过大；在穿着艳丽色彩的秀禾服时，唇妆可以用唇彩处理得莹润一些，不宜过于强调唇形的轮廓感。

秀禾服妆容造型的造型

秀禾服妆容造型的造型区分于其他古典造型，其不会像旗服造型那么夸张，也不会像唐代宫廷造型那样将头发高高盘起，饰品也相对比较典雅精致。秀禾服妆容造型的造型是在旗服造型基础之上加以变化的，以低矮的盘发为主，摒弃了"朝冠"的装饰，而将顶区的头发盘起，同时更注重后发区造型的结构感。搭配的发饰有发钗、珠花等，作为婚礼服时，装饰会相对华丽。秀禾服妆容造型的造型值得一提的是它特别的刘海造型，可以是桃心式、正三角形式、倒三角形式、短齐式、齐式、窄平式等，根据额头的饱满程度及脸形特点选择合适的样式，现在我们多使用假发来表现这种特别的刘海造型。近些年，秀禾服的表现形式更加多样，甚至融入了很多现代元素。这也是时代发展的必然，很多传统元素会随时代发展融入新的元素而产生变化。

01 在上眼睑位置晕染珠光白色眼影。

02 在下眼睑位置晕染珠光白色眼影。

03 在鼻侧区域用少量暗影粉加深晕染。

04 提拉上眼睑皮肤，用眼线笔描画眼线。

05 向前补充描画眼线，使其整体流畅自然。

06 在下眼睑位置晕染少量金棕色眼影。

07 在上眼睑后半段晕染金棕色眼影。

08 在下眼睑位置加深晕染金棕色眼影。

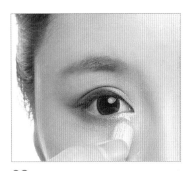

09 用珠光白色眼线笔描画下眼睑眼头位置。

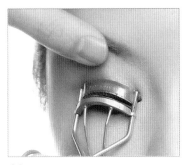

10 提拉上眼睑皮肤，将睫毛夹卷翘。

11 提拉上眼睑皮肤，刷涂睫毛膏。

12 用睫毛膏刷涂下睫毛。

13 在上眼睑紧贴睫毛根部粘贴自然的假睫毛。

14 用镊子将假睫毛自然上抬，使其自然卷翘。

15 用灰色水眉笔描画眉形。

16 自然描画眉头，使眉形更加流畅自然。

17 在唇部描画亚光红色唇膏。

18 将唇形轮廓描画得饱满自然。

19 晕染红润感腮红，使妆容更加柔和。

20 将刘海区中间位置的少量头发进行适当扭转。

21 使扭转的头发隆起一定的高度并进行固定。

22 将顶区的头发收拢，用皮筋固定。

23 用发网套住头发。

24 将发网中的头发固定在顶区。

25 将后发区右侧的头发向上提拉并打卷固定。

26 将后发区左侧的头发向上提拉并打卷固定。

27 将右侧发区的头发扭转定型后，在后发区右侧固定。

28 将左侧发区的头发扭转并固定。

29 将发尾打卷并在后发区左侧固定。

30 用尖尾梳将左侧刘海区的头发推出弧度。

31 将发尾固定在后发区左侧。

32 用尖尾梳将右侧刘海区的头发推出弧度。

33 将发尾收拢并固定。

34 在头顶佩戴饰品，装饰造型。

35 在后发区两侧佩戴流苏饰品，装饰造型。

36 在左右两侧波纹位置佩戴饰品，装饰造型。

第5章

新娘妆容造型

5.1 新娘妆容造型概述

如今，新娘对新娘妆的要求不再是简单的妆容盘发，清淡妆容也不再是唯一主题。新娘开始追求符合自己气质及爱好的妆容造型，这也对化妆造型师的技术能力有了更高的要求。新娘只有对自己的化妆造型师足够信任，才能放心让化妆造型师为自己打造形象。而要让新娘完全信任，首先需要化妆造型师对新娘美妆的风格及特点等有更全面的了解。时代在发展，化妆造型师的工作内容会发生变化，用几年前甚至更早的知识服务现在的客户显然是不够的。化妆造型师只有不断更新设计理念，利用自己的专业、经验与新娘形成良好的沟通，才能打造出更完美的妆容造型。

新娘妆容造型的风格分类

韩式精致新娘妆容造型：盛行的韩剧让韩式精致新娘妆容造型受到众多新娘的追捧，每个人都梦想自己就是韩剧中待嫁的女主角。韩式精致新娘妆容造型的造型主体在后发区，前发区不留刘海或只留简约的刘海，同时搭配精致的皇冠、别致的鲜花或其他饰品。妆容上注重粉底薄透的质感，淡雅、水润的色彩配比更能体现韩式妆容造型的主题。

日系甜美新娘妆容造型：注重体现妩媚的小女人气质，造型上追求自然随意的感觉，多为卷发，或精致的盘发结合做卷的发丝，鲜花和一些女人味十足的饰品较为多见，妆容淡雅，色彩柔和，随意感比较强。

欧式高贵新娘妆容造型：注重打造新娘高贵大气的感觉，赫本头型是一个典型的代表，一些具有层次感的上盘发是常用的表现形式。妆容的处理上，注重立体的五官效果；眼妆要求精致，是整个妆容的核心部分。往往会搭配水钻类的饰品，使整个妆容造型显得奢华大气，偶尔也用蝴蝶结等装饰让高贵中带有可爱的感觉。

简约灵动新娘妆容造型：简约灵动的新娘妆容造型在造型上比较注重自然层次感的塑造，不会有过多的造型结构，一般会点缀质感轻盈的配饰。在妆容的处理上，色彩比较生动，利用比较明快的眼妆或唇妆体现妆容的美感。

复古优雅新娘妆容造型：复古优雅新娘妆容造型的造型一般以光滑的盘发为主，通常采用后盘或者侧盘的形式，刘海可以是伏贴、光滑的，也可以采用立体打卷或者手推波纹等表现形式。妆容不会处理得过重，用色比较柔和，比较注重眼线或唇妆的细节表现。

新娘晚礼妆容造型：新娘晚礼妆容造型一般以喜庆复古感为主，妆容可以是红唇和复古眼线，造型要处理得光滑、大气，手推波纹刘海是比较常用的表现形式。另外一种为端庄气质新娘晚礼妆容造型，不管是盘发还是披发，造型都会处理得相对比较简洁，妆容的处理会随着流行元素的变化而变化。

中式新娘妆容造型：纯中式的婚礼得到很多年轻人的青睐，既古典又时尚。一般中式婚礼是将我国的传统服饰作为结婚当天的主要服饰，同时搭配中式设计风格的场地，呈现古典之美。秀禾服等常作为中式婚礼的首选服饰，龙凤褂是我国部分地区婚礼的着装。另外，有些婚礼会用旗袍作为敬酒服或送宾服装。中式新娘妆容造型的造型以各种发片、发包与真发相结合，配合古典饰品，以塑造现实与古典相互交织的穿越之美。

风格与服装及饰品的搭配

每一种风格的新娘妆容造型都要选择合适的服装及饰品，这样才能达到更加完美的效果，否则整体效果缺少美感。我们要对每一种风格所对应的服装及饰品有一个具体、全面的了解，这样才能使我们的工作事半功倍。

韩式风格：应选择质感轻盈的纱或者丝质感面料的婚纱，因为这种质感的婚纱会给人柔和、温情的感觉，很适合体现韩式造型的风格特点。因为韩式造型的主体位置偏下，所以一般不会选择胸部以上位置设计得比较繁杂的婚纱，吊带的、抹胸的婚纱都是很好的选择。在饰品方面，皇冠和鲜花是最多见的。在选择皇冠作为饰品的时候，可以选择典雅风格的婚纱；在选择鲜花作为饰品的时候，可以选择浪漫风格的婚纱。

日系风格：因为要通过婚纱在细节上体现女人的妩媚感、可爱感，所以日系新娘造型搭配的服装不追求多么奢华，而是追求甜美、柔和的感觉。不要选择有沉重负担感的婚纱。在饰品方面，可以选择美感十足的小花或者一些可爱唯美的蕾丝布艺装饰品，不要选择给人冷傲或者带有压抑感的饰品。

欧式风格：欧式风格给人的感觉就是奢华大气，所以在选择婚纱的时候可以选择缎面的、装饰感强的大蓬摆婚纱，也可选择肩袖及胸部有很强的设计感的婚纱。皇冠是最常见的适合欧式风格妆容造型的饰品，其实只要是华丽大气的饰品都可以采用，但是要牢牢抓住欧式风格的主题。

简约灵动风格：简约灵动风格妆容造型一般搭配纱质感的服装，轻盈的质感与造型更加相配。饰品可以选择绢花、鲜花等。蕾丝质感的饰品和一些网眼纱饰品也可以运用在简约灵动风格的妆容造型中。

复古优雅风格：复古优雅风格妆容造型一般搭配缎面质感的服装。服装上不要有太多的钻或亮片装饰，否则服装会显得高贵有余而优雅不足。饰品可以选择礼帽、缎带、珍珠饰品、网眼纱等。

晚礼风格：晚礼风格服装和饰品的选择空间很大。只要能把握住流行的脉搏，运用好流行元素，很多搭配都能营造出晚礼的感觉。流行元素的多元化给了我们更大的晚礼风格创作空间。我们要多关注一些这方面的信息，不断更新自己的知识。

中式风格：受传统因素的影响，中式新娘的服装和造型相对比较固定，大多会选择发钗、珠花、牡丹花、发冠等配饰。

每种新娘妆容造型风格的利与弊

每个新娘都有适合自己的新娘妆风格，并不是适合别人的风格就适合自己，只有选择对的风格才能达到完美的效果。化妆造型师要对每种风格适合的人群有一个具体的了解，这样才能做到使自己的妆容造型能更好地符合新娘的气质。

韩式风格：不适合发际线参差不齐和脸形过于圆润的人。因为韩式造型的主体普遍在后发区，前发区的造型结构很少，而且有些韩式造型要露出发际线，会使缺陷更多地暴露。而气质过于硬朗或相貌成熟的人也不适合这种妆容造型，会造成刻板印象甚至给人以"老太太"的感觉。

日系风格：日系造型的风格比较唯美，有小女人的感觉，大多新娘做这种造型都不会有什么问题。不过正是因为造型的感觉过于柔美，所以对新娘的观察要更仔细，要注意新娘的气质和年龄感。年龄感和年龄是两个不同的概念，年龄感更偏向于外表给我们的视觉感受。很少有年龄感过于成熟、气质过于硬朗的人会喜欢这类造型，而这类造型搭配这样的新娘也会给人以很不协调的感觉。

欧式风格：欧式造型能很好地体现一个人的高贵气质。如果想打造新娘高贵、华丽、大气的感觉，欧式造型是个不错的选择。但欧式造型以盘发为主，很容易造成年龄感偏大的感觉。如果新娘很适合欧式造型而又想让年龄感偏小，那么可以选择蝴蝶结等带有一些可爱感的饰品或者搭配比较显年龄小的刘海造型，如齐刘海、层次刘海等。

简约灵动风格：这种风格的妆容造型适合搭配轻柔的纱质服装，适合年龄感较小的新娘，整体给人以非常仙美的感觉。

复古优雅风格：这种风格的妆容造型适合搭配缎面服装，而且一般款式不会特别复杂，比较简洁大方，会使年龄感较大的新娘呈现优雅的气质。年龄感较小的新娘很少选择这种风格。另外，过于光滑的造型不适合面部棱角过于突出的新娘。

晚礼风格：这种风格的妆容造型适合款式比较简洁的晚礼服，颜色多用红色、酒红色，适合大部分新娘。搭配的饰品一般比较简洁，以体现新娘的气质。但在结婚当日选择黑色、墨绿色、宝蓝色、金色等颜色晚礼服的新娘也有很多。随着社会的发展和喜好的不同，人们对颜色的包容度更高了。

中式风格：中式风格的妆容造型适合五官比较古典的新娘。如果五官过于棱角分明，则不太适合这种风格的妆容造型。

新娘美妆与平面拍摄化妆的区别

影楼的化妆造型师接触最多的就是用于平面拍摄的化妆造型。在化新娘妆时，有时会用同样的手法处理。其实它们之间有很多不一样的地方，所以在某些细节的处理上一定要做到有所区别。

新娘美妆不能通过后期调整肤色，所以妆前的护肤及底妆的质感都是至关重要的。肤质的真实感能让人们在近距离面对新娘的时候有更舒服的感觉。不能为了遮挡瑕疵，刻意地加厚粉底。粉底的作用是使肤色均匀，精致的五官会让人们忽视这些小瑕疵。选择质感轻薄的散粉，最好带有一点珍珠粉的光泽，能使皮肤更晶莹剔透。不要选择过于厚重的散粉，否则会给人粉太厚皮肤不能呼吸的感觉。底妆处理得不够清透也会给人以妆面过于浓重的感觉。不管哪种风格类型的新娘美妆都要求阴影和提亮的修饰适当，过于浓重的阴影和提亮虽然使妆面立体了，但同时也会使妆面看起来具有戏剧感，不够干净。

新娘跟妆的注意事项

生活水平的提高使新娘更注重结婚当天妆容的品质，所以大部分情况下都有专门的化妆造型师全程负责跟妆。而在跟妆的过程中，我们需要注意很多环节，要有技巧地处理这些环节。

在婚礼之前，新娘都会找合适的化妆师试妆，确定档期。一般婚礼当天会做两到三个造型，在试妆的过程中要保证所做的妆容和造型有环环相扣的感觉，而这会给婚礼当天的换装带来很大的便利。在一个婚礼流程中，给化妆师变换造型和妆面的时间非常有限，可能只有几分钟，而要在几分钟的时间内将头发全部拆开重新做一个完美的造型显然是不太容易完成的，所以我们在做第一个造型的时候要考虑将造型的部分位置做一下改动就能达到另外一种感觉的造型。这不是投机取巧，是合理地利用方法配合整个流程。而对于具体的操作方法，化妆造型师要根据造型习惯有所调整。在婚礼当天的造型中，要在保证造型牢固的同时尽量少喷发胶，这样更有利于造型的变化。在妆面的处理上，如果想改变眼妆，一定要用颜色递进的方式，即先淡后浓，否则很容易造成花妆。

5.2 皮肤护理与微整形

在婚礼当天呈现完美的皮肤质感，不但能给人健康的感觉，而且有助于妆容更自然、更真实。所以，一定要在婚期之前适当做好皮肤护理工作。

皮肤护理

一般在婚期前的两个月就要展开对皮肤的护理工作，每周可敷三次面膜。有些人可能会认为应该每天敷面膜，这样对皮肤更好。其实不然，敷面膜过于频繁会让皮肤变得非常敏感，适得其反。另外，最后一次敷面膜的时间应该是在婚礼前一天晚上，而不是当天早晨。因为刚敷完面膜，很难将皮肤上的粉底刷涂均匀，不利于皮肤对粉底的吸收。

除此之外，我们还应该注意哪些皮肤护理问题呢?

妆前护理：在处理妆容之前，要先做好妆前的护理工作。没有好的肌底，很难呈现完美的妆容。妆前护理要循序渐进，有的护理是平时的一个好习惯，有的护理是上妆前的精心准备。

清洁肌肤：清洁肌肤是一个长时间养成的良好习惯，可以将皮肤中的残留物质清理干净。没有好的清洁，再好的护肤品及妆前护理产品都不能被皮肤充分地吸收。洁面产品的种类很多，人的肤质一般分为干性、中性、油性等，在选择洁面产品的时候要注意其是否适合自己的肤质。

皮肤调理：皮肤调理即用化妆水或肌肤调理水来调理肌肤。在肌肤水分不充足的情况下上粉底，会出现粉底浮于表面甚至起皮的现象。这样妆面会显得脏，甚至显得妆容不够真实。

滋润肌肤：滋润肌肤的方式因人而异，不同肤质适合不同的滋润产品。例如，有些人的皮肤是混合型皮肤，夏季需要用有控油作用的面霜，冬季则需要用有保湿作用的乳液。滋润肌肤的产品一般有日霜、乳液、凝露等，应根据皮肤的需求选择适合自己的产品。在上妆之前，要用合适的、保湿且不油腻的滋润产品护理皮肤，这样才能打造出柔嫩自然的肤感。

眼部呵护：因为眼部的活动频率很高，所以老化的速度最快，而鱼尾纹会增大年龄感。要想保持年轻的样貌，应非常注重对眼部皮肤的护理。日常的护理是定期敷眼膜，使用眼霜。上妆前，可以使用眼部精华凝露进行护理。

微整形

除了皮肤的护理，近年来微整形越来越受到人们的青睐。所谓的微整形，就是通过一些针剂等方法，在不做手术的情况下达到美化五官的目的。目前常见的微整形分为以下几种。

注射肉毒杆菌：肉毒杆菌又称肉毒素，通过在咬肌位置注射，7~15天即可达到理想的瘦脸效果。药效维持半年到一年的时间。该方法适合咬肌比较大的人使用。但脸形不好的因素有很多，并不是所有的脸形都能通过瘦脸针瘦下来。例如，注射肉毒杆菌对脂肪过多、棱角过宽的脸形基本没有效果。

打溶脂针：注射溶脂针可以将身体上的脂肪溶解，达到瘦下来的目的，常用于面部、小腹等位置。如果保持良好的习惯，一般不会有明显的反弹，不过一定要找经验丰富的医生注射，否则容易出现皮肤凹凸不平的现象。

注射玻尿酸：玻尿酸又称透明质酸、醣醛酸。玻尿酸的美容作用很多，通过对不同部位注射不同型号和剂量的玻尿酸能达到不同的美容效果。注射玻尿酸可以填平面部的法令纹、鱼尾纹、眉间纹、唇角纹等纹路，

13. 清新复古晚礼造型

14. 平推波纹简约复古妆容造型

15. 复古优雅造型

16. 抽丝浪漫晚礼造型

17. 时尚创意彩妆造型

18. 灵动飘逸抽丝妆容造型

19. 唯美浪漫纹理造型

20. 浪漫清新鲜花造型

21. 中式新娘光滑打卷造型

22. 中式新娘典雅优美造型

23. 新中式新娘唯美造型

24. 时尚创意彩绘妆容造型

25. 端庄高贵白纱妆容造型

26. 唯美梦幻晚礼妆容造型

27. 唯美浪漫花意造型

观看视频
微信扫二维码
获得视频观看
方法

1.时尚简约贴面妆容造型

2.时尚晚礼妆容造型

3.时尚湿推唯美妆容造型

4.金箔元素时尚夸张妆容造型

5.新娘复古礼帽造型

6.新娘唯美花意妆容造型

7.贴花创意新娘妆容造型

8.小清新彩绘花意妆容造型

9.时尚复古花饰妆容造型

10.古典中式新娘造型

11.手推波纹复古晚礼造型

12.欧式复古礼帽时尚妆容造型

还可以填充面部凹痕、丰盈面颊等。玻尿酸还可作为隆鼻、隆下巴的填充物，只是和假体不同，玻尿酸会随着时间慢慢被身体吸收，效果不是永久性的。

注射微晶瓷：微晶瓷与玻尿酸相比，质感会更硬一些，保持的时间比一般的玻尿酸略长，但使用的位置大致相同。不过，有些部位是不能注射微晶瓷的，如唇部。

微整形的优点是恢复的速度快，创伤性小，风险低，容易被人接受，所以很多新娘选择通过微整形让自己在婚礼当天更完美。

5.3 婚纱、婚鞋的选择

婚纱的选择

目前，婚纱一般以租用或者定做为主，而不管选择哪一种方式，都不可避免地要提前做很多准备工作。对于选择定做婚纱的新娘，一般要经过与设计师沟通、量体、设计样式、试穿坯布样衣、修改、成衣出品一系列的流程，而做出成品婚纱需要十几天至几十天的时间，所以在婚期前几个月，就要开始为婚纱做准备。对于选择租用婚纱礼服的新娘，也要提前一段时间去婚纱店试穿服装并确定使用服装的日期，便于婚纱店做好准备。

选择婚纱不仅要婚纱本身漂亮，还要符合新娘的气质。化妆造型师要对婚纱的每一种设计适合的人群有一个具体的了解。

领型、肩部设计

一字领：一字领又称无领，呈现横向的延展性，显得人比较干练，优点是胖瘦皆宜，缺点是不符合东方女性的气质，所以选择一字领婚纱的新娘很少。

V字领：因领口开放的形状而得名。V字领适合脖子比较短的新娘，在视觉上起到拉长脖子的作用。脸形比较长的新娘不适合V字领的婚纱，会显得脸更长。深V的领口适合胸部比较饱满的新娘，看上去会很性感。

圆领：领口呈U形的弧度，曲线比较柔和，一般婚纱的领口会开得比较深，目的是露出美丽的锁骨。对于锁骨不明显的新娘，选择领口高开或者V字领会更理想一些。

抹胸：抹胸婚纱是很多新娘会选择的一款婚纱，能很好地体现锁骨，并可以佩戴亮丽的项链作为装饰。但抹胸婚纱不适合上身过于臃肿的人，会显得赘肉非常明显。

高领：高领的婚纱包裹得比较严实，是非常保守的一种款型，适合脖子比较长、胸部比较小的女性。同时，高领的婚纱能体现复古的气质，适合比较年长或气质比较优雅的新娘。

连袖：带袖的婚纱能遮挡过于宽大的肩膀，同时也会使婚纱的款式看上去比较保守。

肩带：肩带一般分为窄、中、宽的样式。身材比较瘦小的新娘可以选择窄肩带的婚纱，肩膀比较宽的新娘可以选择宽肩带的婚纱。

公主袖：公主袖又称泡泡袖，一般出现在比较华丽的婚纱上，也会出现在可爱款的晚礼服中。一定要注意，脖子比较短的人不能选择这种设计，因为会让脖子看上去更短。

裙摆设计

A形：从下至上呈塔形向上的趋势，设计略显成熟，能体现典雅的美感，同时能遮挡赘肉，并不凸显身材。

蓬裙：非常修饰身材，蓬起的下摆能让腰部看上去更细，还能体现公主一样的气质。

拖尾：拖尾是指婚纱有一部分拖在地上。拖尾婚纱适合教堂等场合比较正式的婚礼，缺点是非常沉重。拖尾有小拖尾、中拖尾、长拖尾之分，新娘要根据自己的承受能力选择，同时还要考虑走路是否方便。

鱼尾：鱼尾可显得新娘如人鱼公主一样美丽。鱼尾婚纱对身体的包裹比较紧，可展现胸部、腰部、臀部的曲线美感。同时，鱼尾婚纱对身材的要求非常高，适合身材比较标准的新娘。穿着鱼尾婚纱时，行动不是很方便。

综上所述，应根据自身的实际情况选择合适的款式，这样一定能挑出最适合自己的婚纱，做最美的新娘。

婚鞋的选择

在选择婚鞋的时候，需要考虑的因素很多。

舒适度：有的人认为婚鞋漂亮就好了，是否合脚没关系，反正以后基本不会再穿。其实这种观点是错误的，婚礼当天新娘会非常忙碌，不合脚的婚鞋会影响新娘的行动。

身高：如果新娘不太高，可以选择根部比较高的婚鞋，这样可以减小和新郎的差距。如果新娘比较高，就要根据新娘的身高酌情考虑鞋根的高矮。新娘穿上鞋子后身高略矮于新郎是比较合理的。

色彩：一般会选择白色、米白色、银色、闪亮粉、珍珠色等颜色比较浅的婚鞋，以搭配婚纱和各种颜色的礼服。如果穿短款的婚纱礼服，可以考虑穿镶嵌有彩钻或者宝石的鞋子，以显得更闪亮、更时尚。

款式：一般都不会选择露出过多脚趾的婚鞋，否则会显得不太雅观。大部分新娘会选择包头的、露出脚后跟的婚鞋，这类婚鞋不仅舒适还雅观。有些设计感比较强的婚鞋还会带有蕾丝或者蝴蝶结等装饰。

一字领　　　V 字领　　　圆领　　　抹胸　　　高领

连袖　　　肩带　　　公主袖

5.4 配饰的选择

对于配饰，要结合新娘的脸形、婚纱的材质、新娘的头饰进行合理的选择。例如，新娘用鲜花做造型时，最好选择珍珠类的饰品或者珍珠与水钻相结合的饰品；新娘用皇冠做造型时，那么选择水钻类的饰品比较好。缎面、仿真丝面料的婚纱礼服比较适合水钻类的配饰，轻柔的、纱质感的婚纱礼服就比较适合珍珠类的配饰。正确佩戴饰品能为妆容造型加分很多，但并不是饰品越多、越华丽就越好。一件饰品再漂亮也不会适合所有的妆容造型和所有的人，恰当的搭配才能有绝佳的效果。

耳饰

脸形是选择耳饰的依据，耳饰对脸形能起到一种平衡作用，但佩戴不恰当往往会有负作用。

椭圆脸形：适合任何一种样式的耳饰。

方下巴脸形：适合长形或花枝状的耳饰。

三角脸形：适合圆形的耳饰。

圆脸形：适合垂形耳饰或长形项链。

长脸形：适合圆形耳饰。

方脸形：适合小巧玲珑的耳钉或耳坠。

身材小巧的女性不宜佩戴大型号的耳饰，宜佩戴一些小巧精致的耳饰；身材高大的女性不宜佩戴小型的耳饰，否则显得太小气。

耳饰的色彩或质地应与肤色和着装的色彩相协调。如果色彩反差比较大，搭配要恰如其分，可使人充满动感。最好选用质地相同的项链和耳饰。肤色较暗的人不宜佩戴过于闪亮的耳饰，可选择银白色耳饰（如珍珠耳饰）来提亮肤色。而皮肤白嫩的女士合适佩戴红色或暗色系的耳饰，将皮肤衬托得更白皙。

对于清纯淑女的妆容造型，耳坠应小而淡雅，这样给人以纯洁感。夸张的几何图形、粗犷的木质耳环、吉卜赛式的巨型圆耳环很有野性感觉，与牛仔衣、夹克相搭配，突显豪放的现代感，别有韵味。

造型与耳饰的搭配理应遵循"长配长"、"短配短"、发型耳饰相一致的原则。例如，长发与细长的耳饰搭配可突显淑女的风采，短发与精巧的耳钉搭配可衬托女性的干练，古典的发髻搭配吊坠式耳饰可表现女性的优雅高贵，凌乱、前卫的造型则应与粗犷、时尚的耳坠搭配。

项链

由于脸形和颈部的长度不同，不同的人佩戴项链的效果不尽相同。

圆脸形的人不要戴短款项链，应戴长形的。宽脸形的人选体积较小、长形而有延长效果的项链。颈部短的人要选择细长的项链或珠子自大到小逐渐由下而上的塔形项链，这样在视觉上能增加颈部的长度，切忌佩戴较粗的项链。颈部细长的人可戴短项链，以彩色大珠链最适宜。短项链使人显得青春、朝气；长项链使人显得成熟。

戒指

纤细的手指适合各种各样的戒指，尤其是钻石戒指、玉石戒指或其他较大的珠宝戒指，它们会把手指衬托得更加修长。短而扁平的手指应戴蛋形、菱形和长形戒指，这会增强手指的细长感。手指短的人宜选择窄边的戒指。

手镯

一般丰满圆润的臂腕合适佩戴宽而松的镯子，细镯子会显得臂腕更加粗大；较细的臂腕应选择较细的镯子，过宽的镯子会显得臂腕更加"可怜"。

手链

手腕是身体中较细的部位。手部的动作很容易引起旁人的注意，手链的样式应依据手腕的粗细及骨骼的明显度选择，并适时表现自己独特的风格。

手腕纤细、骨骼不明显的手腕适合佩戴基本链、造型链和主体链。

手腕纤细、骨骼明显的手腕适合佩戴两条基本链，这样可使手腕显得更加柔美。

手腕丰润、骨骼不明显的手腕适合佩戴样式稍宽的造型链或主体链，可显得亮丽大方。

手腕丰润、骨骼明显的手腕适合佩戴特殊的造型链或主体链，可将他人注意力自手腕转移到手链上。

头饰

下面介绍一些常见的头饰。头饰之间可以通过巧妙的配合塑造出美感。当我们看到一款头饰的时候，首先要体会其带给我们的心理感受，然后定位它的风格，最后搭配合适的妆容造型和服装。这会使整体呈现更加完美的感觉。

皇冠头饰

皇冠头饰一般搭配高贵造型，也可搭配复古造型，以增添复古造型的高贵感。

永生花头饰

永生花头饰具有鲜花的生机感，而且保存时间久，可以用来搭配浪漫、灵动等唯美感觉的造型。

羽毛头饰

羽毛头饰呈现柔美的质感，搭配大部分造型都会冲淡造型的生硬感。但也有例外，如黑色羽毛带有神秘、时尚、冷艳的感觉。

帽子头饰

大部分帽子头饰是充满复古感的。搭配帽子头饰会使整体造型的复古感提升很多。

蕾丝头饰

蕾丝的通透感和柔和的质地会使造型柔美、浪漫，在视觉上增加温馨的感觉。

绢花头饰

绢花是指用布料做成的花朵饰品，和鲜花、永生花相比有更多的样式，也能塑造更多风格的造型。

网纱头饰

网纱的透感会增强造型的空间层次感。可以将网纱与其他饰品搭配，使造型呈现更加柔美的感觉。

鲜花头饰

鲜花的优点是具有生命力，这一点是绢花和永生花都无法相比的。使用鲜花的造型基本都需呈现浪漫柔美感。

发带头饰

发带的类型很多，有纱质发带、蕾丝发带、缎面发带和水钻发带等。纱质发带和蕾丝发带相对比较柔美浪漫，缎面发带比较复古，水钻发带比较高贵。

发夹类头饰

发夹类头饰主要起到装饰、点缀的作用。发夹的类型有珍珠发夹、铁艺发夹、花朵发夹等。

古典头饰

古典头饰的样式很多，发钗是比较常见的一种。仿点翠是近些年比较受欢迎的类型。

复古金头饰

复古金头饰一般用来搭配复古奢华或复古高贵的造型。

5.5 新娘妆容造型案例解析

5.5.1 韩式精致新娘妆容造型

01 在上眼睑位置用珠光白色眼影提亮。

02 在下眼睑位置用珠光白色眼影提亮。

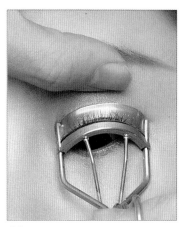

03 提拉上眼睑皮肤，用睫毛夹将睫毛夹卷翘。

04 提拉上眼睑皮肤，将睫毛刷卷翘。

05 用睫毛膏刷涂下睫毛。

06 提拉上眼睑皮肤，用眼线笔描画眼线。

07 用小号眼影刷晕染眼线，使眼线更加柔和。

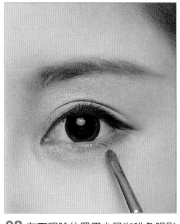

08 在下眼睑位置用少量咖啡色眼影晕染过渡。

09 在上眼睑位置紧贴真睫毛根部粘贴假睫毛。

10 在上眼睑位置用金棕色眼影晕染过渡。

11 在上眼睑靠近睫毛根部的位置用深咖啡色眼影晕染过渡。

12 在上眼睑后半段粘贴假睫毛，增加睫毛密度。

13 在下眼睑位置分段粘贴下睫毛。

14 在下眼睑位置用深咖啡色眼影晕染过渡。

15 在眉毛上刷涂染眉膏，使眉色变淡。

16 用咖啡色水眉笔描画补充眉形。

17 在唇部涂抹光泽感唇膏。

18 斜向晕染偏橘色光泽感腮红，以提升面部的立体感。

19 从顶区分出部分头发进行三股辫编发。

20 从顶区右侧分出部分头发，编入辫子中。

21 继续从右侧分出部分头发进行三股辫一边带编发。

22 将后发区下方右侧的头发编入辫子中。

23 将后发区剩余的头发编入辫子中。

24 收拢并用皮筋固定发尾。

25 将左侧发区的头发进行三股辫编发。

26 继续编发并适当抽丝。

27 抽丝后固定在后发区。将顶区剩余的头发向右侧发区进行三股辫一边带编发。

28 继续向下编发。

29 将编好的头发在后发区右侧进行固定。

30 将刘海区的头发向下打卷并固定。

31 将剩余发尾向下扭转并固定。

32 将剩余发丝用电卷棒烫卷。

33 调整发丝的层次并进行固定。

34 在右侧发区佩戴饰品。

35 在后发区辫子的固定位置佩戴饰品。

36 在刘海区佩戴饰品，以装饰造型。

5.5.2 欧式高贵新娘妆容造型

<u>01</u> 在上眼睑位置用珠光白色眼影晕染提亮。

<u>02</u> 在眼头位置用珠光白色眼影提亮。

<u>03</u> 在上眼睑位置叠加晕染珠光白色眼影。

<u>04</u> 将眼头位置的珠光白色眼影的晕染面积适当扩大，边缘过渡要均匀。

<u>05</u> 在上眼睑位置晕染金棕色眼影。

<u>06</u> 在下眼睑位置用金棕色眼影晕染过渡。

<u>07</u> 提拉上眼睑皮肤，用黑色眼线笔描画眼线。

<u>08</u> 提拉上眼睑皮肤，将睫毛夹卷翘。

<u>09</u> 提拉上眼睑皮肤，刷涂睫毛膏。

<u>10</u> 刷涂下睫毛，使其更加浓密。

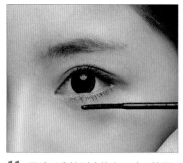

<u>11</u> 用睫毛膏的刷头将上下睫毛梳顺。

<u>12</u> 从眼尾开始向前分段粘贴假睫毛。

13 继续向前粘贴假睫毛，尽量靠近真睫毛根部。

14 在靠近内眼角位置粘贴假睫毛，越靠近内眼角的睫毛越短。

15 将一段鱼线梗假睫毛粘贴在上眼睑后半段。

16 将上眼睑眼尾位置的眼影加深晕染。

17 将下眼睑后半段的眼影加深晕染。

18 用金色眼线液笔描画眼头位置。

19 用染眉膏将眉色染淡。

20 用咖啡色眉笔描画眉形。

21 描画眉尾，使眉形更加流畅。

22 斜向晕染偏橘色的腮红，以提升面部的立体感。

23 在唇部涂抹裸色唇膏，以调整唇色。

24 将外围的头发烫卷。然后将剩余的头发在头顶位置扎成一条高马尾。

25 将马尾的头发分为多片，并分别用发网套住。

26 将其中一片头发在头顶位置打卷并固定。

27 继续将一片头发在头顶位置打卷并固定。

28 以相同的手法将一片头发在后发区左上方打卷并固定。

29 继续将一片头发打卷并固定在后发区右上方。

30 将马尾中剩余的头发在后发区打卷。

31 将打好卷的头发进行固定。

32 在头顶佩戴饰品，装饰造型。

33 用尖尾梳调整刘海区头发的层次。

<u>34</u> 将右侧发区的头发进行两股辫编发。

<u>35</u> 将编好的头发适当抽丝。

<u>36</u> 将抽好丝的头发在后发区固定。

<u>37</u> 将左侧发区的部分头发进行两股辫编发并适当抽丝。

<u>38</u> 将抽丝后的头发固定在后发区。将后发区下方右侧剩余的头发进行两股辫编发并抽丝。

<u>39</u> 将头发向后发区左上方提拉并进行固定。

<u>40</u> 将后发区剩余的头发进行两股辫编发并抽丝，向后发区右上方提拉。

<u>41</u> 将发尾固定在后发区右上方。将左侧发区剩余的发丝向上提拉并适当抽丝。

<u>42</u> 用尖尾梳调整发丝层次，使造型轮廓更加饱满。

<u>01</u> 在上眼睑位置用浅金棕色眼影大面积晕染。

<u>02</u> 在下眼睑位置用浅金棕色眼影晕染。

<u>03</u> 在上眼睑位置自睫毛根部向上晕染金棕色眼影，重点晕染眼尾位置。

<u>04</u> 从眼头位置向后晕染金棕色眼影。

<u>05</u> 在下眼睑眼尾位置晕染金棕色眼影。

<u>06</u> 在上眼睑靠近睫毛根部位置用亚光暗红色眼影晕染过渡。

<u>07</u> 在下眼睑位置少量晕染亚光暗红色眼影。

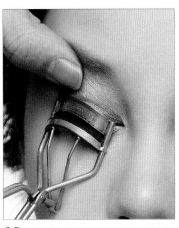

<u>08</u> 提拉上眼睑皮肤，用睫毛夹将睫毛夹卷翘。

<u>09</u> 提拉上眼睑皮肤，粘贴鱼线梗假睫毛。

10 在上眼睑位置晕染珠光银色眼影，使眼影之间的过渡更加自然。

11 在下眼睑眼头位置晕染珠光银色眼影。

12 用染眉膏将眉色染淡。

13 用咖啡色水眉笔描画眉形。

14 用鎏金粉色唇膏涂抹唇部，使唇部粉嫩、莹润。

15 晕染粉嫩感腮红，使妆容更加柔美。

16 腮红晕染面积可适当大一些。

17 从顶区取头发，进行三股两边带编发。

18 将头发收拢并在头顶位置固定。

19 从左侧发区取头发，进行两股辫编发。

20 将编好的头发适当抽丝。

21 将发尾固定在顶区。从后发区分出部分头发，进行两股辫编发。

22 将编好的头发适当抽丝。

23 将头发固定在顶区右上方。

24 将刘海区的头发进行三股辫编发。

25 继续向下编，将发尾留出。

26 将发尾向上翻卷并固定。

27 将右侧发区的头发进行两股辫编发，编好后抽丝。

28 将发尾固定好。将后发区右侧的头发进行两股辫编发。

29 将编好的头发抽丝。

30 将头发向左上方提拉并固定。

31 将剩余的头发进行两股辫编发。

32 将头发适当抽丝。

33 将头发向右上方提拉并固定。

34 佩戴饰品，装饰造型。

35 用电卷棒将垂落的头发烫卷。

36 适当调整烫卷的头发。

5.5.4 简约灵动新娘妆容造型

01 在上眼睑位置晕染少量珠光白色眼影。

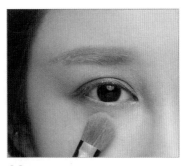

02 在下眼睑位置晕染少量珠光白色眼影。

03 提拉上眼睑皮肤，用眼线笔描画眼线。

04 用眼影刷将眼线晕染开。

05 在下眼睑位置晕染暗红色眼影。

06 在上眼睑眼尾位置晕染暗红色眼影。

07 在上眼睑眼头位置晕染暗红色眼影。

08 在上眼睑位置用金棕色眼影大面积晕染过渡。

09 在下眼睑位置用金棕色眼影晕染过渡。

10 提拉上眼睑皮肤，用睫毛夹将睫毛夹卷翘。

11 提拉上眼睑皮肤，刷涂睫毛膏。

12 在上眼睑紧贴睫毛根部位置粘贴假睫毛。

13 用咖啡色眉笔描画眉形。

14 在眉头位置自然地描画，使眉形更加完整自然。

15 在唇部涂抹红色光泽感唇膏。

16 斜向晕染红润感腮红，以提升面部的立体感。

17 将头发用电卷棒烫卷。

18 调整刘海区头发的弧度并固定。

19 调整右侧发区头发的弧度并固定。

20 继续调整右侧发区头发的弧度并固定。

21 将后发区下方右侧的头发向上提拉并固定。

22 将后发区下方左侧的头发向上提拉并固定。

23 将后发区的头发拉至一定的高度并固定。

24 调整后发区表面头发的层次并固定。

25 对刘海区的头发进行喷胶定型。

26 对后发区及两侧发区的头发进行喷胶定型。

27 在右侧太阳穴上方佩戴造型花，装饰造型。

28 在左耳附近佩戴造型花，装饰造型。

29 调整发丝层次，以适当对面颊进行修饰。

5.5.5 复古优雅新娘妆容造型

01 在上眼睑紧贴真睫毛根部粘贴假睫毛。

02 用珠光白色眼影在上眼睑位置大面积晕染。

03 用珠光白色眼影在下眼睑位置晕染。

04 用黑色眼线笔在上眼睑处描画眼线，眼尾自然上扬。

05 用黑色眼线笔在下眼睑位置描画眼线。

06 在上眼睑位置用亚光咖啡色眼影小面积晕染，将眼线晕染开。

07 用少量亚光咖啡色眼影将下眼睑处的眼线晕染开。

08 用亚光咖啡色眼影向眼尾自然晕染过渡。

09 晕染下眼睑眼影，使之与上眼睑处的眼影自然衔接。

10 用黑色眉笔加深眉色，使眉形更加立体。从眉峰到眉尾的眉形应自然、流畅。

11 用偏粉色的亚光唇膏描画出轮廓饱满的唇形。

12 斜向晕染腮红，以提升面部的立体感。

13 将刘海区的头发用皮筋扎起。

14 将刘海区的头发向下打卷。

15 将打好卷的头发调整好轮廓并进行固定。

16 将右侧发区的头发向上提拉并扭转。

17 将扭转好的头发进行固定。

18 将左侧发区的头发向上提拉、扭转并固定。

19 将后发区左侧的头发用皮筋固定。

20 将用皮筋固定好的头发向内打卷并固定。

21 将剩余的头发用皮筋固定。

22 将用皮筋固定好的头发向内打卷并固定。

23 佩戴网纱，并在头顶位置抓出层次。

24 在头顶位置佩戴珍珠饰品。

01 粘贴美目贴，以增加双眼皮的宽度。在上眼睑位置用珠光白色眼影进行提亮。

02 在下眼睑位置用珠光白色眼影提亮。

03 提拉上眼睑皮肤，用黑色眼线笔描画眼线。

04 提拉上眼睑皮肤，用睫毛夹将睫毛夹卷翘。

05 提拉上眼睑皮肤，刷涂睫毛膏。

06 刷涂下睫毛。

07 提拉上眼睑皮肤，紧靠真睫毛根部粘贴假睫毛。

08 在假睫毛根部涂一层胶水。

09 用镊子夹住假睫毛向上抬，使睫毛更加卷翘。

10 用眉粉刷涂眉毛，使眉形轮廓更加清晰。用灰色染眉膏加深眉色。

11 用红色亚光唇膏描画唇形。

12 斜向晕染腮红，以提升面部的立体感。

<u>13</u> 将右侧发区的头发向后扭转。

<u>14</u> 将头发用尖尾梳倒梳出层次感。

<u>15</u> 将刘海区的头发用尖尾梳倒梳。

<u>16</u> 将刘海区的头发喷胶定型。

<u>17</u> 用波纹夹将刘海区的头发进行固定。

<u>18</u> 将头发向前推出弧度并用波纹夹固定。

<u>19</u> 将头发向后推出弧度并用波纹夹固定。

<u>20</u> 喷发胶定型。

<u>21</u> 将右侧的头发向前推出弧度并用波纹夹固定。

<u>22</u> 喷胶定型。

<u>23</u> 调整后发区头发的层次并喷胶定型。

<u>24</u> 将右侧发区部分头发向上提拉并倒梳。

<u>25</u> 将倒梳好的头发适当调整层次并喷胶定型。

<u>26</u> 将左侧发区头发适当倒梳，使其更具有层次感。

<u>27</u> 继续倒梳头发，使其层次饱满自然。

<u>28</u> 对左侧发区的头发喷胶定型。

<u>29</u> 取下固定用的波纹夹。

<u>30</u> 调整细节。

5.5.7 喜庆复古新娘晚礼妆容造型

01 用灰色水眉笔描画眉形。

02 在上眼睑位置晕染珠光白色眼影。

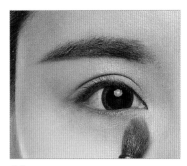

03 在下眼睑眼头位置晕染珠光白色眼影。

04 提拉上眼睑皮肤，用黑色眼线笔描画眼线。

05 将描画的眼线用眼线液笔加深。

06 用金棕色眼影晕染上眼睑后半段。

07 在下眼睑位置晕染金棕色眼影。

08 提拉上眼睑皮肤，将睫毛夹卷翘。

09 提拉上眼睑皮肤，用睫毛膏刷涂上睫毛。

10 用睫毛膏刷涂下睫毛。

11 用红色亚光唇膏描画出轮廓饱满的唇形。

12 描画唇峰，使唇部轮廓更加圆润、饱满。

13 斜向淡淡地晕染红润感腮红。

14 保留刘海区的头发，用尖尾梳将剩余的头发在后发区收拢。

15 用发卡将头发固定在后发区。

16 将后发区右侧的头发用发网套住。

17 将头发固定在后发区右侧位置。

18 将后发区中间部分的头发用发网套住。

19 将头发固定在后发区中间位置。

20 将后发区剩余的头发用发网套住。

21 将套好的头发固定在后发区左侧位置。

22 将左侧刘海区的头发用尖尾梳推出弧度。

23 固定之后继续将头发推出弧度。

24 将发尾在左侧发区打卷。

25 将右侧刘海区的头发用尖尾梳向上推。

26 继续用尖尾梳向下推出弧度。

27 将剩余的发尾在右侧发区推出弧度。

28 将推好弧度的头发进行固定。

29 在头顶位置佩戴饰品，装饰造型。

30 造型完成。

<u>01</u> 在上眼睑位置晕染珠光白色眼影。

<u>02</u> 在下眼睑眼头位置晕染珠光白色眼影。

<u>03</u> 在上眼睑位置晕染金棕色眼影。

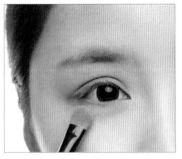

<u>04</u> 在下眼睑位置晕染金棕色眼影。

<u>05</u> 在上眼睑中间位置晕染少量浅香槟色眼影，使眼影层次更丰富。

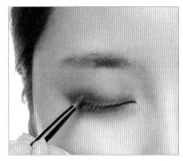

<u>06</u> 在上眼睑后半段晕染深金棕色眼影。

<u>07</u> 在下眼睑位置用深金棕色眼影加深晕染。

<u>08</u> 在上眼睑位置用眼线笔描画眼线。

<u>09</u> 在下眼睑位置用眼线笔描画眼线。

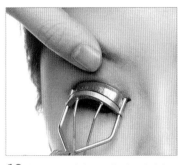

<u>10</u> 提拉上眼睑皮肤，将睫毛夹卷翘。

<u>11</u> 提拉上眼睑皮肤，用睫毛膏刷涂上睫毛。

<u>12</u> 用睫毛膏刷涂下睫毛。

13 提拉上眼睑皮肤，在靠近睫毛根部位置粘贴假睫毛。

14 在上眼睑眼尾位置用金棕色眼影加深晕染，并使边缘过渡得柔和自然。

15 用染眉膏将眉色染淡。

16 用黑色眉笔描画眉形，使眉形线条更流畅。

17 用黑色眉笔描画眉头，使眉形更加完整。

18 斜向晕染腮红，以提升面部的立体感。

19 在唇部描画润泽的红色唇膏。

20 继续描画唇形边缘，使轮廓饱满自然。

21 将右侧发区的头发向后发区扭转并固定。

22 将左侧发区的头发向后发区扭转并固定。

23 在后发区右侧取部分头发，向上打卷并固定。

24 将后发区剩余的头发向上打卷。

272

25 将打卷好的头发进行固定。

26 将刘海区的头发梳理光滑。

27 将刘海区的头发推出弧度并用波纹夹固定。

28 继续将刘海区的头发推出弧度。

29 将推好弧度的头发用波纹夹固定。

30 继续将剩余的头发推出弧度。

31 将推好弧度的头发用波纹夹固定。

32 将剩余发尾推出弧度并用发夹固定。

33 将发尾打卷并固定，喷胶定型。

34 待发胶干透后取下波纹夹，并在细节位置用 U 形卡固定。

35 佩戴饰品，装饰造型。

36 继续佩戴饰品，装饰造型。

<u>01</u> 在上眼睑位置晕染金棕色眼影。

<u>02</u> 在下眼睑位置晕染金棕色眼影。

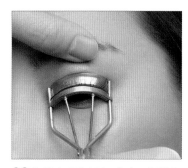

<u>03</u> 提拉上眼睑皮肤，将睫毛夹卷翘。

<u>04</u> 提拉上眼睑皮肤，刷涂睫毛膏。

<u>05</u> 刷涂下睫毛，使其更加浓密。

<u>06</u> 在上眼睑位置继续用金棕色眼影
自睫毛根部向上加深晕染过渡。

<u>07</u> 用金棕色眼影在下眼睑位置加深
晕染过渡。

<u>08</u> 在上眼睑眼尾位置用亚光咖啡色
眼影加深晕染。

<u>09</u> 在下眼睑后半段位置用亚光咖啡
色眼影加深晕染。

<u>10</u> 在眼头位置用亚光咖啡色眼影加
深晕染。

<u>11</u> 从上眼睑眼尾位置开始分段向前
粘贴假睫毛。

<u>12</u> 继续向前粘贴假睫毛，注意假睫
毛紧贴真睫毛根部。

13 粘贴好之后可以适当按压假睫毛，使其粘贴得更加牢固。

14 越靠近眼头位置粘贴的假睫毛越短。

15 在上眼睑中间位置用浅金棕色眼影晕染过渡，使眼妆更加立体。

16 在下眼睑位置晕染少量浅金棕色眼影。

17 用染眉膏将眉毛染淡。

18 用咖啡色眉笔描画眉形，使眉形更加清晰自然。

19 可适当加深描画眉峰位置，使眉形更加立体。

20 用红色唇膏描画唇形，用金色唇膏点缀。

21 晕染红润感腮红，使妆容更显唯美。

22 将头发分片，分别用皮筋扎起并固定。

23 将顶区的头发用发网套住。

24 将头发盘起并固定在头顶位置。

<u>25</u> 从后发区取一片头发并用发网套住。

<u>26</u> 将头发打卷并进行固定。

<u>27</u> 继续取一片头发并用发网套住。

<u>28</u> 将头发打卷后固定。

<u>29</u> 继续将后发区剩余的头发用发网套住。

<u>30</u> 将头发打卷后固定在后发区。

<u>31</u> 将顶区右侧部分的头发向后发区扭转并固定。

<u>32</u> 将顶区左侧部分的头发向后发区扭转并固定。

<u>33</u> 将左侧发区剩余的头发向后扭转并固定。

34 将发尾打卷后固定在头顶位置。

35 将右侧发区剩余的头发向上扭转并固定。

36 将发尾向上打卷并固定。

37 将右侧刘海区的头发调整出弧度后固定在后发区。

38 将左侧刘海区的头发调整出弧度后固定在后发区。

39 将两侧鬓角处的发丝打卷后用胶水定型。

40 在额头位置佩戴饰品。

41 在左右两侧佩戴饰品，装饰造型。

42 在头顶和后发区佩戴饰品。

5.5.10 龙凤褂中式新娘妆容造型

01 在上眼睑位置晕染珠光白色眼影。　　02 在眼头位置晕染珠光白色眼影。　　03 提拉上眼睑皮肤，用黑色眼线笔描画眼线。

04 用眼线笔勾画内眼角眼线。　　05 在上眼睑位置晕染金棕色眼影。　　06 在下眼睑位置晕染金棕色眼影。

07 在上眼睑中间位置晕染少量珠光质感比较强的金棕色眼影。　　08 在下眼睑内眼角位置用金色眼线液笔描画。　　09 用眼影刷涂刷下眼睑，使下眼睑眼影边缘过渡得更加自然。

10 在下眼睑位置少量晕染珠光质感比较强的金棕色眼影。　　11 在上眼睑位置晕染珠光白色眼影，使眼影边缘过渡得更加自然。　　12 提拉上眼睑皮肤，将睫毛夹卷翘。

13 用睫毛膏刷涂睫毛，使其更加浓密。

14 再次用睫毛膏梳理睫毛。

15 从上眼睑眼尾位置开始粘贴假睫毛。

16 继续向前粘贴假睫毛，粘贴的位置是上眼睑后三分之一位置。

17 用染眉膏刷眉毛，使其根根分明。

18 用眉粉刷涂眉毛，使眉形轮廓更加清晰。

19 用咖啡色眉笔描画眉形。

20 用亚光红色唇膏描画唇形，使其具有轮廓感。

21 自然地晕染腮红，以协调妆感。

22 将顶区及后发区的头发分别扎成马尾。

23 将顶区的头发进行三股辫编发。

24 将编好的头发在头顶位置打卷并固定。

25 从后发区马尾中分出一片头发，向上打卷并固定。

26 继续从后发区马尾中分出一片头发，向上打卷并固定。

27 将后发区剩余的头发向上打卷并固定。

28 将右侧发区的部分头发向上提拉并扭转。

29 将扭转好的头发进行固定。

30 将左侧发区的部分头发向上扭转。

31 将扭转好的头发进行固定，处理好发尾。

32 将右侧刘海区的头发用尖尾梳梳理伏贴。

33 将梳理好的头发在后发区固定。

34 将左侧刘海区的头发梳理伏贴。

35 将梳理好的头发在后发区固定。

36 在头顶左右两侧分别固定假发，使造型更加饱满。

37 在额头位置固定一片假刘海。

38 在假刘海上方佩戴饰品。

39 继续佩戴饰品，装饰造型。

第6章

时尚妆容造型

6.1 时尚妆容造型概述

时尚妆容造型运用的领域很广泛。针对不同的领域，化妆造型师在做妆容造型时需要考虑的不仅是妆容造型本身，还应该结合使用方向和环境等因素进行综合考量。

杂志美容片妆容造型

生活中随处可见各种杂志，各个行业基本上都有与之相关的杂志。在这些杂志中，时尚类杂志占据着半壁江山。时尚类杂志经常会刊登一些妆容主题照片，也就是我们常说的"美容片"。杂志中的美容片不仅是一种纯欣赏的照片，大多数的情况下还会作为软广告。

服装画册妆容造型

顾名思义，服装画册妆容造型是为拍摄服装画册服务的妆容造型。在以人物为重点表现对象做化妆造型的时候，如个人写真，化妆造型师以将人表现得足够完美为核心。而在拍摄服装画册的时候，模特是为了体现服装的美感，而不是抢服装的风头。

主持人妆容造型

各种各样的活动都少不了主持人，主持人能引导一场活动的顺序，并将每一个环节联系在一起。同时，主持人的服装和妆容造型要符合活动的氛围，这样才能有比较好的效果。

时尚大片妆容造型

拍摄时尚大片时，一般会将人物和某些产品结合在一起。化妆造型师在做妆容造型的时候，要把产品的特性、拍摄所需要达到的意境和环境因素都考虑进来。有些时尚大片是为了体现产品，而有些是为了结合产品体现被拍摄者的状态，如拍摄艺人大片。

广告妆容造型

广告一般分为平面广告和动态广告。平面广告就是我们平时所接触的以图片形式呈现的广告，动态广告一般指以动态形式呈现的广告，如电视广告。有时候，动态广告需要进行后期处理，化妆造型师在做动态广告妆容造型的时候要对这些有所了解。

红毯妆容造型

红毯妆容造型是指在各种时尚盛典、电影电视颁奖典礼（如国外的奥斯卡电影节、戛纳电影节，国内的金鸡百花电影节、上海电影节等）上艺人的化妆造型。在这些场合中，艺人的着装和妆容都会成为焦点和被模仿的对象。

T台时尚妆容造型

T台时尚妆容造型在现今的妆容造型工作中占的比例非常大。T台时尚妆容造型涉及的范围比较广，不仅指T台上对服装展示的妆容造型，还作为一个代名词泛指某一种形式风格的妆容造型。

时尚创意妆容造型

　　时尚创意妆容造型一般作为化妆造型师的作品，以证明其自我风格和技术能力。一般时尚创意的类型有色彩主题创意、结构感创意、拼贴感创意。

6.2 时尚妆容造型案例解析

6.2.1 杂志美容片妆容造型

一般，杂志美容片是为某种产品做宣传，使读者在欣赏的同时加深对某种产品的印象。根据产品的不同，妆容的搭配会有所区别。

彩妆类产品美容片

美容片是推广彩妆产品时常用的形式，根据所要推广产品的不同，在妆容的配比上要有所取舍。例如，如果主要想表现一款睫毛膏的某种功效，那么睫毛就是这款美容片要着重表现的部分。如果重点放在其他部位而忽视了睫毛，那么再美的美容片都会失去它应有的价值。同理，对于以表现某眼影或唇膏的色泽感为主题的美容片，如果不能把妆容的重点放在对其色彩特性的表现上，则也是一个失败的妆容。

珠宝类产品美容片

在打造珠宝类产品的美容片时，表现的重点在珠宝上。这时候，妆容主要起到辅助作用，一定不要喧宾夺主。化妆造型师要从珠宝的色泽、质感、款型等方面对其加以分析，使妆容能更好地与其协调配合，这样才能使整个画面具有美感。例如，要表现一款高贵优雅的珍珠项链，化妆造型师就要在妆容的处理上尽量配合它的高贵优雅，选择复古精致的柔和妆容会比选择夸张浓艳的妆容要好得多。反之，如果是表现时尚的饰品，妆容的搭配则需重新考虑。

美发类产品美容片

当要表现某款美发产品的时候，妆容所起到的配合作用与珠宝类产品美容片同理，即要与产品的主题概念相得益彰。例如，要表现某款洗发水使发质润滑，妆容往往不会过于浓艳；而如果要表现某款动感的发蜡或其他头发定型产品，妆容时尚夸张些是不错的选择。

很多门类的产品都可以用美容片的形式表现，如数码产品、服装配件、医疗美容产品等。问题的关键是不管是何种产品，化妆造型师都要了解它们，并抓住它们的某一个或几个特性，从妆容造型上加以配合，达到宣传推广的目的。

除了上边讲到的为产品服务的杂志美容片之外，还有一种是表现创作者理念、技法等因素的美容片。在这种美容片中，主题是妆容给读者带来的视觉冲击力，让读者通过这些作品更多地了解创作者的思想、审美、技术能力。这种美容片最常出现在业内专业杂志上。本书主要对以创作者为中心的杂志美容片进行实例解析。

01 在上眼睑位置晕染暗红色眼影。

02 在整个下眼睑晕染暗红色眼影。

03 在上眼睑位置用金棕色眼影加深晕染。

04 在下眼睑位置用金棕色眼影加深晕染。

05 在上眼睑位置将暗红色眼影大面积晕染开。

06 在下眼睑位置描画黑色眼线。

07 提拉上眼睑皮肤，将睫毛夹卷翘。

08 提拉上眼睑皮肤，刷涂睫毛膏。

09 用睫毛膏刷涂下睫毛。

10 用灰色水眉笔描画补充眉形。

11 在唇部涂抹亚光暗红色唇膏，用咬唇刷将下唇的边缘轮廓晕染模糊。

12 用咬唇刷将上唇的边缘轮廓晕染模糊。

13 斜向晕染腮红，以提升面部的立体感。

14 对顶区及部分后发区的头发进行三股辫两边带编发。

15 将顶区及后发区的头发扎成马尾。

16 将右侧发区的头发向左下方扭转并固定。

17 将剩余发尾在马尾位置打卷并固定。将左侧发区的头发以同样的手法操作。

18 用发蜡辅助调整刘海区的发丝层次。

19 调整左侧发区的发丝层次。

20 调整右侧发区的发丝层次。

6.2.2 服装画册妆容造型

在服装画册妆容造型中，人物起衬托的作用，主角是服装。

整体打造

在做这种妆容造型的时候，化妆造型师要提前对服装有所了解，如服装的大致风格、色彩，以便自己能提前进行设计，配合服装师搭配饰品，并准备好搭配服装的鞋子等。有时还需要为客户提供备选方案，以便客户选择。

妆容造型与服装的搭配

在妆容造型与服装的搭配上，以成人女装为例，一般有以下4种类型。

清纯淑女型：这种类型服装的色彩一般比较清新，有些设计元素比较可爱。在配合这种服装设计妆容造型的时候，应将妆容处理得可爱一些，如大眼睛、粉嫩的腮红、晶莹剔透的唇彩，以表现年轻的感觉。造型上，直发、韩式辫子、丸子头等造型都比较合适。

优雅熟女型：这类服装一般能体现成熟女性的曲线，会选择偏深的色彩，花纹和色块的装饰比较多。配合这类风格的服装时，可以将眼妆画得妩媚些，以体现成熟女性的韵味，妆容的立体感也可以强一些。造型可以是波浪卷发、盘发等。

民族风：民族风服装类型多样，如中国民族风服装、泰国民族风服装等。波希米亚风服装是多元化民族风的融合。每一种民族风有各自的妆饰特点，所以在设计妆容造型之前，应该充分地了解其特质，并设计出与众不同的妆容造型。

时尚个性型：时尚个性型服装在设计的款型或者面料的运用上一般会有很多别出心裁的地方，所以在做搭配这种服装的妆容造型时，化妆造型师也会追求个性。例如，现在比较流行的个性元素就可以运用起来，如夸张直眉、复古红唇、流行色唇色等。造型一般做得比较简洁，不会盖过服装的风头，有时候会搭配比较个性的饰品。

01 在上眼睑位置晕染珠光白色眼影。

02 在眼头位置晕染珠光白色眼影。

03 在上眼睑位置晕染金棕色眼影。

04 对上眼睑位置的眼影进行加深晕染。

05 在下眼睑位置晕染金棕色眼影。

06 在上眼睑位置用咖啡色水眉笔在睫毛根部位置加深描画。

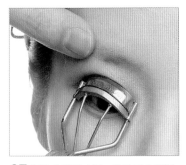

07 提拉上眼睑皮肤，将睫毛夹卷翘。

08 提拉上眼睑皮肤，刷涂睫毛膏。

09 在下眼睑位置刷涂睫毛膏。

10 用染眉膏将眉色染淡。

11 用咖啡色水眉笔补充描画眉形。

12 用咖啡色眉粉刷涂眉形，使眉毛呈现柔和的感觉。

13 在唇部涂抹裸棕色唇膏。

14 斜向晕染腮红，以提升面部的立体感。

15 将头发向后发区收拢。

16 将收拢好的头发用皮筋和发卡固定好。

17 将发尾收拢。

18 将头发在后发区盘绕收拢。

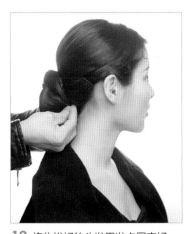

19 将收拢好的头发用发卡固定好。

20 用发蜡辅助调整刘海区发丝的层次和弧度。

21 调整两侧发区的发丝层次。

6.2.3 主持人妆容造型

根据针对的群体及活动形式的不同，主持人妆容造型一般会有所区别。

主持人的分类

新闻节目主持人

新闻节目主持人一般包括纪实性新闻节目主持人和娱乐新闻节目主持人。《新闻联播》《焦点访谈》等都属于纪实性新闻节目，具有一定的权威性。纪实性新闻节目主持人的着装和妆容造型相对比较庄重，没有过于花哨的服装色彩，妆容也普遍采用大地色系的色彩。《每日文娱播报》《娱乐现场》等节目都属于娱乐新闻节目。娱乐与时尚关系密切，娱乐新闻节目主持人的着装和妆容造型相对比较时尚，有时候会融入一些时尚元素，如眼妆的表现形式和服装的色彩可以借鉴当下的流行元素。

娱乐综艺节目主持人

娱乐综艺节目具有很强的娱乐性质，话题比较宽泛。这类节目主持人每一期的服装风格都会有变化，其妆容造型要根据服装的色彩、风格确定。

晚会节目主持人

晚会涉及的内容比较多，如大型的歌舞晚会、公司年会、品牌发布会等。主持人一般穿着晚礼服，化妆造型大多比较端庄并且有时尚气息的融入。

访谈节目主持人

这类节目的互动性很强，强调主持人与嘉宾之间的沟通，由主持人引出话题，嘉宾作答。这类节目主持人的装束和化妆造型都比较生活化，这样才会和嘉宾产生很好的互动。所以在处理这类主持人的妆容造型时，要注意把握妆容的浓淡和造型的得体自然。

主持人妆容造型的注意事项

在做主持人的妆容造型时，不同于平面拍摄和生活类妆容造型，需要考虑的因素比较多。而下面这些注意事项一定要在主持人上场之前全部处理好，保证主持人顺利出镜。

（1）注意现场的灯光对妆容的影响。化妆造型师要对现场的灯光有一定的了解，灯光的强弱、角度会对妆容效果产生影响。若妆容太淡，不够立体，观众看到的就是一张大白脸；若妆容太浓，又会觉得太夸张。

（2）现在一般会采用高清摄影效果，一些细微之处也会被看得非常清楚。化妆时要细致，要注意造型的轮廓、层次和牢固度。

（3）有些录播的节目背景只是一块蓝色或绿色的幕布，要通过后期添加效果。这时，化妆造型师选择的色彩要避免与背景颜色相同，否则很容易造成色彩流失或增加后期的处理难度。

不管做哪类主持人的妆容造型，要明白一点，就是要把妆容造型和整个活动有机地结合起来，通过分析更好地完成自己的工作。本节以晚会节目主持人的妆容造型为例做实例解析。

01 描画眼线并处理好真睫毛。在上眼睑靠近睫毛根部粘贴较为自然的假睫毛。

02 在上眼睑位置晕染金棕色眼影。

03 在下眼睑位置晕染金棕色眼影。

04 在上眼睑位置用较浅的金棕色眼影晕染过渡。

05 在下眼睑位置用较浅的金棕色眼影晕染过渡。

06 在上眼睑位置用眼线液笔描画眼线。

07 在眼头位置用眼线液笔勾画眼线。

08 用螺旋扫清除眉毛中的杂质。

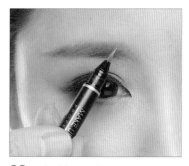

09 用咖啡色水眉笔描画眉形。

10 用黑色眉笔加深描画眉形。

11 在鼻侧区域用暗影粉加深，使鼻子更加立体。

12 在唇部描画偏豆沙色的光泽感唇膏。

13 斜向晕染红润感腮红，以提升面部的立体感。

14 将所有头发用电卷棒烫卷。

15 给烫好的头发适当喷胶定型。

16 将顶区的头发适当扭转后向前推并进行固定。

17 将右侧发区的头发向上提拉、扭转并固定。

18 将左侧发区的头发向上适当收拢后固定。

19 将后发区左侧和中间的头发分别向上提拉并收拢固定。

20 将后发区剩余的头发向上提拉并收拢固定。

21 适当对头发进行喷胶定型，使其层次更加饱满。

6.2.4 时尚大片妆容造型

在拍摄时尚大片时，一般会将人物和以下这些产品结合在一起。

汽车

在拍摄时尚大片时，一些豪车经常作为拍摄对象，被选择的车辆一般都具有一定的美感和知名度。化妆造型师在设计妆容造型的时候要考虑这款汽车的类型是什么，如商务型、运动型等，以便设计出更契合的妆容造型。

摩托车

选择摩托车时，一般想体现的是一种驾驭的感觉、激情的感觉。大部分情况下，妆容会设计得比较奔放，造型会比较飘逸，如直发、马尾、波浪卷发等。要重点表现驾驶摩托车时头发能有飘起来的感觉。

服装

结合服装拍的时尚大片一般分为棚拍和户外拍摄两种。棚拍一般会选择色彩相对比较单一的背景。在户外拍摄的时候环境更加复杂，化妆造型师需要对现场有一定的了解，以便设计的妆容造型在能和服装很好地结合在一起的前提下，能从环境中凸显出来。在设计服装时尚大片的妆容造型时，妆容浓淡并不是关键的，关键的是能为大片增色，能塑造出个性的感觉。

妆容时尚大片更多的是体现化妆造型师的个人审美和创意能力，变化性非常强。同时，一个创意感好的妆容，没有一个能懂它的摄影师掌镜也不会呈现很好的视觉效果。在这种情况下，化妆师和摄影师的配合就显得非常重要了。时尚大片往往是创意与灵感的表现方式。时尚大片还有很多类型及拍摄方式，此处不再过多讲述。

本节以一款与服装结合的时尚大片为例进行妆容造型实例解析。

<u>01</u> 在上眼睑位置晕染珠光白色眼影。

<u>02</u> 在眼头位置用珠光白色眼影晕染过渡。

<u>03</u> 在整个上眼睑位置晕染金棕色眼影。

<u>04</u> 在眼尾位置用亚光咖啡色眼影加深晕染。

<u>05</u> 在眼头位置用亚光咖啡色眼影加深晕染。

<u>06</u> 在下眼睑位置晕染金棕色眼影。

<u>07</u> 在下眼睑后半段局部加深晕染。

<u>08</u> 在上眼睑位置用浅金棕色眼影晕染过渡，使眼妆效果更加自然。

<u>09</u> 提拉上眼睑皮肤，用黑色眼线笔描画眼线。

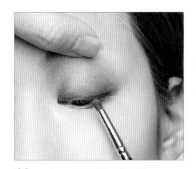

<u>10</u> 用小号眼影刷将眼线晕染开。

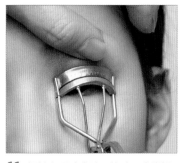

<u>11</u> 提拉上眼睑皮肤，将睫毛夹卷翘。

<u>12</u> 提拉上眼睑皮肤，刷涂睫毛膏。

13 将金色唇膏点缀在上眼睑皮肤上。

14 用咖啡色眉粉刷涂眉形，使眉形轮廓更加清晰。刷涂眉头位置，使眉形更加自然。

15 用裸橘色唇膏描画出轮廓饱满的唇形。

16 斜向晕染腮红，以提升面部的立体感。

17 将顶区的头发扭转、前推，使其隆起一定的弧度，并进行固定。

18 将左侧发区的头发向上提拉、扭转并固定。

19 将右侧发区的头发向上提拉、扭转并固定。

20 将后发区的头发向上提拉、扭转。

21 将扭转好的头发进行固定。

22 将后发区的头发调整出层次并固定。

23 调整两侧发区发丝的层次并固定。

24 调整刘海区发丝的层次。

6.2.5 广告妆容造型

一般会分为以下 6 种类型的产品广告设计妆容造型。

生活日用类

生活日用类产品的广告非常多，如柴、米、油、盐、酱、醋、茶、牙膏、床上用品等的广告。在做这类产品广告的化妆造型时，要注意的一点就是真实、自然，因为太戏剧化的妆容和生活是脱节的。在做妆容造型的时候，要先考虑清楚这种产品会出现在生活中的什么场合，而在这种场合人会呈现怎样的状态。

汽车

汽车分为不同的价位、类型等。在做妆容造型的时候要考虑产品的定位。例如，一辆奇瑞 QQ 搭配一个商务型男士肯定是不贴切的，而应该塑造更朴实的人物形象。反之，一辆豪华商务车搭配什么样的形象更贴切就一目了然了。

电子数码产品

同汽车一样，产品定位不同，会有其各自不同的妆容造型设计方法。

化妆品

为什么要把化妆品从生活日用类中单提出来呢？因为有些化妆品的广告对化妆造型的要求还是比较高的，如有些彩妆产品广告。在设计这些产品的妆容造型时，要先了解自己的目标产品是什么。如果化了一个非常美的妆容，但是并没有体现出产品的特点，那么这个妆容是失败的。比如，一款睫毛膏的广告，我们在设计妆容的时候要突出睫毛的美感，另外要了解睫毛膏的特性，是纤长的还是浓密的，或者是其他什么类型的，需要通过妆容造型呈现出来。

珠宝 / 贵金属饰品

珠宝 / 贵金属饰品广告对化妆造型的要求比较高。产品的色泽、款式风格、适合的人群等是化妆造型师需要分析的。通过分析设计妆容，在体现出珠宝特点的同时又不会让妆容过于抢镜，相得益彰是最佳的效果。

其他奢侈品

名表、名包、高档服装等都属于奢侈品，每个品牌文化及定位不同，对广告效果的需求是不同的。化妆造型师不仅要能化妆，还要具备分析事物的能力。

本节以平面珠宝广告为例进行广告妆容造型的实例解析。

13. 清新复古晚礼造型

14. 平推波纹简约复古妆容造型

15. 复古优雅造型

16. 抽丝浪漫晚礼造型

17. 时尚创意彩妆造型

18. 灵动飘逸抽丝妆容造型

19. 唯美浪漫纹理造型

20. 浪漫清新鲜花造型

21. 中式新娘光滑打卷造型

22. 中式新娘典雅优美造型

23. 新中式新娘唯美造型

24. 时尚创意彩绘妆容造型

25. 端庄高贵白纱妆容造型

26. 唯美梦幻晚礼妆容造型

27. 唯美浪漫花意造型

观看视频
微信扫二维码
获得视频观看
方法

1. 时尚简约贴面妆容造型

2. 时尚晚礼妆容造型

3. 时尚湿推唯美妆容造型

4. 金箔元素时尚夸张妆容造型

5. 新娘复古礼帽造型

6. 新娘唯美花意妆容造型

7. 贴花创意新娘妆容造型

8. 小清新彩绘花意妆容造型

9. 时尚复古花饰妆容造型

10. 古典中式新娘造型

11. 手推波纹复古晚礼造型

12. 欧式复古礼帽时尚妆容造型

<u>01</u> 在上眼睑位置晕染珠光白色眼影。

<u>02</u> 在上眼睑位置晕染金棕色眼影。

<u>03</u> 在眼窝位置用金棕色眼影加深晕染。

<u>04</u> 在下眼睑位置晕染金棕色眼影。

<u>05</u> 在上眼睑眼尾和眼窝结构线位置用少量黑色眼影加深晕染。

<u>06</u> 提拉上眼睑皮肤，将睫毛夹卷翘。

<u>07</u> 提拉上眼睑皮肤，刷涂睫毛膏。

<u>08</u> 用睫毛膏刷涂下睫毛。

<u>09</u> 用黑色眼线笔描画眉形，眉形纤细且略上挑。

<u>10</u> 用黑色唇膏描画出轮廓饱满的唇形。

<u>11</u> 斜向晕染腮红，以提升面部的立体感。

<u>12</u> 将头发用电卷棒烫卷。

13 用气垫梳将烫卷的头发梳顺。

14 将左侧发区的头发向后发区方向梳理。

15 将刘海区的头发在右侧推出弧度，并用波纹夹固定。

16 在后发区用波纹夹固定头发。

17 在后发区右侧用波纹夹固定头发。

18 将头发向上推出弧度。将推好的头发用波纹夹固定。

19 将后发区左侧发尾向上翻卷并固定。

20 将剩余的发尾向上翻卷并固定。

21 在后发区对头发进行喷胶定型。待发胶十透后取下波纹夹。

6.2.6 红毯妆容造型

现在不只是各种时尚盛典、电影电视颁奖典礼场合有走红毯活动，生活中很多场合也以走红毯活动作为开场。

红毯妆容造型的经典色

在走红毯时，奇装异服和色彩艳丽的着装不断涌现。有些色彩是永远的流行色，是最不容易出错的色彩。黑色和白色就是这样的经典色，不会随着其他颜色的流行而过气。红色也是一种比较经典的颜色。

红毯妆容

红毯妆容会随着流行而变化。

时尚小烟熏眼妆：小烟熏眼妆近几年在红毯妆容中很常见，它的特点是能让眼神看起来深邃，同时又适合大部分人。

复古红唇：白皙的皮肤搭配轮廓清晰的复古红唇也很流行。红唇一般搭配黑色或白色等颜色比较极致的服装。

硬朗眉形：硬朗的眉形是指一字眉或者剑眉，比较适合搭配中性风或者女王风的服装。

复古眼线：妆面淡雅，突出线条流畅的眼线，这是红毯妆容的一种常见表现方式。

柔淡森系：将妆容处理得非常清淡，通过妆容中某一个特别的元素展示妆容的不同之处。

红毯造型

红毯造型一般打造得比较简洁，很少有在造型上搭配复杂饰品的情况。常见的红毯造型有梳光的头发、直发、大波浪、干练短发、波纹刘海、蓬起刘海、干净而有层次的盘发等。

红毯妆容造型的配饰

有些服装不适合搭配饰品，此时不搭配饰品比搭配不合适的配饰好得多。一般情况下，红毯妆容造型会搭配手包，根据服装风格会搭配耳饰、项链、腕表等饰物。

<u>01</u> 粘贴美目贴,以增加双眼皮的宽度。

<u>02</u> 用提亮粉对眼周进行提亮。

<u>03</u> 提拉上眼睑皮肤,用黑色眼线笔描画眼线。

<u>04</u> 在上眼睑位置晕染金棕色眼影。

<u>05</u> 在整个下眼睑晕染金棕色眼影。

<u>06</u> 在上眼睑位置加深晕染金棕色眼影,使眼影更富有层次感。

<u>07</u> 提拉上眼睑皮肤,将睫毛夹卷翘。

<u>08</u> 用睫毛膏自然刷涂上睫毛。

<u>09</u> 用睫毛膏自然刷涂下睫毛。

<u>10</u> 用棕色染眉膏将眉色染淡。

<u>11</u> 用棕色眉笔描画眉形。

<u>12</u> 在眉头下方适当加深晕染眼影。

13 用亚光红色唇膏描画唇形。

14 在唇部适当点缀金色闪粉。

15 在唇部点缀金色质感唇彩。

16 自然晕染橘色腮红，以提升面部的立体感。

17 将后发区左侧的头发用电卷棒向前烫卷，右侧的头发以同样的方式处理。

18 将后发区的头发用电卷棒向内烫卷。

19 用尖尾梳调整左侧发区发丝的层次。

20 用尖尾梳调整右侧发区发丝的层次。

6.2.7 T台时尚妆容造型

T台时尚妆容造型的应用

服装展示

为服装展示服务的 T 台妆容造型是最常见的一种表现形式。每年各大服装品牌都会在各时装周展示自己的品牌理念及最新的成果，如国内的北京国际时装周、上海国际时装周，国外的米兰国际时装周、巴黎国际时装周等，做流行趋势的展望，这自然少不了妆容造型的配合。

产品展示

产品展示所说的产品是抛开服装、化妆品而论的。例如，每年都会举行北京国际车展，届时各大汽车品牌都会邀请车模助阵，来宣传自己的产品。或者对一些高科技产品的展示，如数码相机、笔记本式计算机等，虽然展示不一定在 T 台上进行，但是是 T 台时尚妆容造型的一个分支。

化妆品展示

一些化妆品品牌会借助 T 台推广自己的产品，有些彩妆品牌会通过自己的 T 台秀来展示自己的新品，传达品牌风格理念及彩妆流行趋势等。

妆容造型展示

T 台妆容造型更多的是要表现化妆造型师个人的创作理念，如化妆造型大赛、化妆培训机构的发布会等。

T台时尚妆容的特点

妆容的特点不能一言论之，根据不同的展示类型会有所区别。

服装展示：在服装展示中，要展示的核心是服装。在这种情况下，妆容应服务于服装，要根据服装的风格搭配妆容，不能喧宾夺主。如果一款不能与服装很好搭配的妆容，就算做得再完美也是失败的。

产品展示：在做产品展示的妆容时，要透彻地分析产品的特点，对产品有一个比较深入的了解，根据产品蕴含的某一元素来设计妆容。

化妆品展示：在做化妆品展示的妆容时，要突出展示某一品牌或某一系列产品的特点。化妆品展示的也可能是要阐述的流行趋势。

妆容造型展示：在做妆容造型展示的时候，应以表现化妆造型师的理念为主，也可能会展示某一团体的创作成果。

T台时尚造型的特点

T 台展示要适应整个秀场的大环境。与针对某一人的展示或者平面拍摄相比，T 台展示的空间比较大，过多的小细节和过于繁杂的小结构一般不会有很好的效果。在做造型的时候，简洁、个性、夸张、潮流是要好好把握的几个关键词。

T台妆容与影楼妆容的区别

（1）影楼妆容"以客为尊"，力求表现客人本身的美；T 台妆容以需求为准，注重体现个性与表现类型的协调。这时候模特作为一个载体，而不是要表现的重点。

（2）影楼妆容针对某一位或某一对客人，T 台妆容追求整场妆容的协调统一。在大部分 T 台展示中，模特的身上会有某些相同的元素来串联整场秀。

（3）影楼妆容往往是将每一个细节一一体现，如刻画五官时，将每一个部位都尽量做到完美。T 台妆容可能是局部的展现，如只注重唇妆而忽略眼妆或者腮红等。

（4）影楼妆容受制约比较多，T台妆容有更大的发挥空间。

打造T台时尚妆容造型的注意事项

（1）了解所要展示的内容，以确定整场秀的主题。一般一场秀中会有一个主化妆造型师负责控制整场秀的风格，而妆容造型是已经设计好的，化妆造型师是按要求做妆容，不是自行创意。

（2）在必须保证某一方面的时候，更注重对整体感的把握，细节次之。当然，如果能并重更好。

（3）对肤质的处理应根据需求完成，肤质白嫩不是唯一的选择，有时候会刻意将皮肤处理成某种肤感。眼妆方面，"烟熏妆"是较为常见的一种，在某些设计中可能会忽略眼妆，也许只描画夸张的眼线或提亮眼睑，以搭配有特色的唇妆。在表现奢侈品或妆容展示的时候，经常会选择整体比较夸张的妆容造型。有些情况下会添加装饰物，但装饰物一般不会在单一妆容上存在。妆容要够立体，否则在一些特定光线下会使面部看起来结构感不强。

（4）造型的选择比较宽泛，简洁大气的包发、随意的自然造型、唯美的卷发造型等都可能在T台上出现。

<u>01</u> 处理好真睫毛，在上眼睑紧贴睫毛根部粘贴较为浓密的假睫毛。

<u>02</u> 在上眼睑位置用浅香槟色眼影提亮。

<u>03</u> 在下眼睑内眼角位置用浅香槟色眼影提亮。

<u>04</u> 用眼线笔在眼尾位置描画眼线。

<u>05</u> 用眼线笔在下眼睑位置描画眼线。

<u>06</u> 用眼线液笔加深描画上眼线，适当拉长眼尾位置的眼线。

<u>07</u> 用眼线液笔勾画内眼角位置的眼线。

<u>08</u> 用眼影刷将下眼线晕染开。

<u>09</u> 用眼影刷将上眼线边缘适当晕染开。

<u>10</u> 用咖啡色眉粉描画眉形，使眉毛轮廓清晰。

<u>11</u> 用灰色水眉笔加深描画有棱角的眉形。

<u>12</u> 在唇部涂抹裸色唇膏。

<u>13</u> 斜向晕染腮红，以提升面部的立体感。

<u>14</u> 在发际线位置涂抹白色油彩。

<u>15</u> 将头发向后发区梳拢。

<u>16</u> 将头发在后发区扎成一条低马尾。

<u>17</u> 将头发进行三股辫编发。

<u>18</u> 将头发向上打卷收拢并固定。

6.2.8 时尚创意妆容造型

对于真正热爱妆容造型这个职业的化妆造型师来说，能够把自己的想法完美地通过作品展示出来，是一件非常快乐的事情。也许这没有利益的驱动，甚至要有很多精神和物质上的投入，但是看到自己成果的喜悦感是无法比拟的，只有真正沉浸其中的人才能体会到。化妆造型师在做时尚创意妆容造型的时候，仅随意创作是不够的，会造成作品空洞无力、缺乏主题性和耐看性。化妆造型师在做创意妆容造型之前，要经过精心的准备，并找准创意的切入点。只有这样才能让自己的作品与预期相差无几，甚至更出色。

在进行创作之前，要先确定妆容造型的基本形式。对于经验丰富的化妆造型师来说，可以在心中构想或用文字做记录；对于经验不是很丰富的化妆造型师来说，最好能够用设计稿的形式表现出来，以防自己的创意偏离主题。设计稿上主要展现的是造型的结构及妆容的配色等。在创作之前，要将装饰材料准备齐全，使工作能够顺利进行。准确的切入点比没有方向的、缺乏主题的臆想实际得多。一般在做创意的时候有多种切入点，以确定自己的方向，进行更深入、细致的工作。

时尚创意化妆造型的类型

色彩主题创意

色彩主题创意是创意妆容造型的一种表现形式，主要是通过色彩的视觉冲击力来设计妆容造型，如大面积的色彩叠加、色彩之间的对比、色彩形成的轮廓、色彩的渐进关系等。在将色彩作为创意主题时，色彩的饱和度要够高，混合次数过多的色彩一般很难给人带来视觉冲击力。红、蓝、绿是最常用的颜色；黑色、白色能够配合艳丽的色彩强调妆容的结构感；黄色能调和其他色彩之间的关系；经过一次混合的色彩也可以表现色彩主题的妆容，如紫色。

结构感主题创意

结构感是指造型上的创意，天马行空的表现形式是其特点。结构感可以通过真假发的结合、夸张的盘发手法、特别设计感的饰物等来呈现。其表现形式多种多样，如几何形状、几何形状的组合、曲线感的形态、放射状的结构等。结构感主题创意主要根据化妆造型师丰富的经验和造型手法，加妆容的配合，带来视觉冲击力。

拼贴感主题创意

一些附属物在妆容上的装饰被称为拼贴感主题创意。拼贴的材料很多，如蕾丝、花瓣、水钻、羽毛等，也可以是它们的组合。拼贴的表现形式不是没有方法的随意粘贴，需要注意层次、渐进色彩的主次、空间感的塑造、轮廓感的呈现等。另外，还要注意拼贴材料是否与妆容造型要表达的主题相一致。

还有很多其他类型的创意妆容，如生活材料的二次加工运用、抽象的线条表现形式等。在有限的空间内塑造无限的可能，不一样的视觉效果正是时尚创意妆容造型的魅力所在。一千个人有一千种心态，正是这种不一样的内心世界，才塑造出多种多样的作品。

时尚创意妆容造型的注意事项

（1）过多的主题就是没有主题。在创作的时候，一定要注意主题的明确性，重点不要过多，否则会失去重点。

（2）注意美感的展现。创意与搞怪截然不同，创意要具备美感，这种美感不一定是生活中的清新唯美，夸张、另类的东西一样具有美感，对这种美感的塑造反而更难。

<u>01</u> 在上眼睑位置用珠光白色眼影提亮。

<u>02</u> 紧贴睫毛根部，用红色水溶油彩描画眼线。

<u>03</u> 在颧骨区域及眼周后半区域晕染偏红色腮红。

<u>04</u> 在眼尾位置叠加晕染。

<u>05</u> 在颧骨区域适当用橘色腮红叠加晕染。

<u>06</u> 在上眼睑眼尾位置加深晕染红色眼影。

<u>07</u> 在下眼睑位置加深晕染红色眼影。

<u>08</u> 用棕色染眉膏刷涂眉毛，使眉色变淡。

<u>09</u> 用红色水溶油彩描画彩绘线条。

<u>10</u> 描画出饱满的红唇并在唇周用红色眼影晕染过渡。

<u>11</u> 将顶区的头发适当扭转并固定。

<u>12</u> 将左右两侧发区的头发向后发区提拉、扭转并固定。

<u>13</u> 将后发区剩余的头发向上收拢并固定。

<u>14</u> 将左侧发区的头发适当抽丝并喷胶定型。

<u>15</u> 将顶区及右侧发区的头发适当抽丝并喷胶定型。

<u>16</u> 配合啫喱膏用螺旋扫将左侧鬓角位置的碎发推出弧度。

<u>17</u> 配合啫喱膏用螺旋扫将左侧刘海区的碎发推出弧度。

<u>18</u> 配合啫喱膏用螺旋扫将右侧刘海区的碎发推出弧度。

<u>19</u> 配合啫喱膏用螺旋扫将右侧鬓角位置的碎发推出弧度。

<u>20</u> 在头顶位置佩戴绢花，装饰造型。

<u>21</u> 适当抽出发丝，使发型更具有层次感，喷胶定型。

第7章

影视妆容造型

7.1 影视妆容造型概述

影视妆容造型的特征

影视妆容造型与其他妆容造型有很多不同之处，只有了解这些特征才能很好地完成这些妆容造型工作。

运动性

电影、电视剧的画面都是连续运动的，所以我们在镜子中所看到的效果不代表在镜头里的效果。化妆造型师要塑造出三维空间的形象效果，从各个角度看妆容造型都应是完美的。另外，剧组化妆造型师要掌握如何在监视器中观察自己塑造的妆容造型，以便及时补救。

逼真性

现在，媒体对一部影视作品的评价已经不局限于对演员、剧本、导演的评价了，还涉及对妆容造型的评价。所以在妆容造型中要避免形成公式化、脸谱化的现象，要抓住每一个人物形象的特点，使人物真实可信。

环境特性

不同的影视作品和拍摄方式对妆容的要求会有所不同，而不同的拍摄环境对妆容的要求也会有所区别，如录影棚里灯光下的妆容和室外灯光下的妆容就会有所不同。妆容受到环境、光线、表演、导演、摄像、服装等因素的制约。因此，只有各个环节很好地融合才能完成一部优秀的影视作品。

影视妆容的创作过程

熟读剧本，搜集素材

只有熟读剧本，才能明白需要化妆造型师完成的妆容造型是什么样的，而剧本中的一些情节可能对某个人物有比较特殊的妆容形式要求，这也是化妆造型师需要注意的，如有些人物需要做伤效、塑形、年龄化妆等。对于涉及一些历史题材等特殊题材的影视剧，化妆造型师还需要对相应的历史背景及事件有比较细致的了解，这样设计出来的妆容造型才能做到形神兼备。

沟通

沟通的重要性就在于能更好地了解整个拍摄的流程，少走弯路。沟通不是简单的问话，是可以通过观察和请教来实现的。与负责服装、道具、灯光部分的相关人员沟通是非常重要的。

设计

在影视作品开拍之前，化妆造型师就要进入设计制作的环节。而这个环节非常重要，尤其是在一些年代戏中。对于一些年代戏，化妆造型师需要提前准备好需要用的发饰、假发、胡子等材料，临时抱佛脚肯定是不行的。如果有些影视作品需要特效塑形化妆，那么要做的准备就会更复杂。另外，要根据自己所掌握的知识为每个角色做具体、适当的角色设计。

定妆照的拍摄

定妆照的拍摄很重要，因为影视作品中的妆容造型与其他妆容造型不同，要有一定的连续性。如果一个人物的形象确定下来，那么他在整部影视作品中的妆容造型可能就是定妆照中确定下来的形象，不能随意更改，否则会给"接戏"带来很大难度，甚至给剧组带来很多不必要的损失。我们看到的很多影视作品存在一些失误，而化妆造型师要做的是将这种失误降到最低。试妆、定妆有时候不是一次就能够做好的，可能需要多次修改。这不可怕，可怕的是到拍摄的时候发现很失败，那就难以弥补了。

化妆造型师要在每一次的工作中正视自己的错误和积累宝贵的经验，让自己在以后的工作中避免这些错误的发生，这样才能使自己的妆容造型技术达到更高的水平。

7.2 影视年代妆容造型

古装戏在近些年非常流行。我国的历史悠久，经历了很多朝代，每一个朝代都有自己的服装和妆容特点。在设计妆容之前一定要充分了解那个时期的特点。影视年代妆容造型需要化妆造型师利用一些造型配件辅助达到特定的效果，如假胡子、假发套、光头套及年代感的发饰等。

年代妆容造型分析

秦汉

秦汉时期的妆容一般较为素雅，流行白妆，不像唐代那么雍容华贵。在妆容的处理上不要过分刻画妆容的某一个细节，也不要将妆容处理得过于浓艳，整体感觉柔和大气为好。在造型的处理上一般会较为端正、古朴、简约。发饰不要选择过于华丽的有流苏饰物的装饰。

唐代

唐代是我国古代的鼎盛时期，其政治清明、社会安定、经济发达，对外交流也非常频繁。这样的盛世同样对服装及妆容造型有影响，富丽堂皇、雍容华贵是当时女性妆容造型的特点。唐代的女性妆容造型流行的风格很多，而对于当代的影视剧来说，更多是在保留古典特征的同时表现符合现代审美的妆容。在造型上，唐代女性的发髻样式很多，大部分都比较雍容华贵，配饰一般有金属类的饰品和牡丹花等。因为古代遵循"身体发肤，受之父母"的观点，所以男性是不允许剪头发的，男性的造型基本都是束发、扎发髻、佩戴冠饰。

宋代

宋代不再追求艳丽、奢华，而开始追求简洁、质朴。民间的服装表现形式多为瘦、细、长。宋代服饰打破了唐代以红色、紫色、绿色、青色为主的惯例，多采用各种间色，包括粉紫色、黑紫色、葱白色、银灰色、沉香色等，色调淡雅、低调。远山黛、倒晕眉在宋代十分盛行，妆容以清新高雅为主，强调自然肤色和气质的提升。宋代发髻的表现形式多种多样，如芭蕉髻、龙蕊髻、包髻、螺髻等。宋代的发饰有很多，包括用金银珠翠等制成的各种样式的簪、钗、梳、篦等。宋代贵族妇女喜用罗、绢、金、玉等制成的桃、杏、荷、菊、梅等花卉样式的发簪。她们也喜欢戴真花，如牡丹、芍药等。

明代

明代女子的妆容趋于简约、清淡，与宋代相似。明代女子喜好红妆，多薄施朱粉，清淡雅致。明代的眉妆大多纤细、弯曲，只有一些长短、深浅的变化，以衬托女性的柔美、妩媚。明代女子依然以樱桃小口为美。面饰在明代还是很流行的。明代女子的发式不再像唐代那样夸张，装饰也相对简约。不过发髻样式很多，如挑心髻、堕马髻、牡丹头等。另外，一些头箍、暖额等装饰开始出现。明代的后妃及贵妇在重大场合依然会佩戴奢华的头饰。假髻的使用在明代盛行。

清代

清代的男性都将头发半剃并留辫子。而女性的服装和发饰并不强制改变，所以各民族的女性服装各自保持自己的服饰特点。女性的发型主要有两把头、大拉翅等样式，假发做成的燕尾垂于脑后也是其一大特点。

民国时期

此时，我国人民的审美受到西方文化的影响，尤其是当时处在时尚前沿的上海，旗袍、烫发、高跟鞋成为那个时代的标志性事物。肤色偏白，眉形以纤细秀美为主，眼形拉长，以妩媚为主，眼影多为玫红色、桃红色、红色。唇形小巧，上唇较薄，下唇比较饱满，颜色采用很正的大红色。比较流行烫发，发型多为大波浪、短波浪等，喜欢留三七分的刘海，手推波纹造型也是那个时代流行的样式。男性剪短发，同时用发蜡定型，平头、分头、背头等干净利索的发型在当时成为流行，比较流行八字胡。

本节以多个年代的男女妆容及造型为范例进行讲解。

01 为面部打底，以小麦色为脸部肤色。

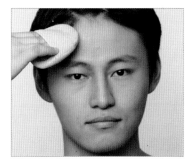

02 为面部定妆。

03 修饰面颊，使面部立体。

04 画鼻侧影。

05 画眉毛，使之呈剑眉形状。

06 描画眼线。

07 晕染咖啡色眼影，面积不要过大。

08 涂抹润唇膏。

09 用胶水粘下方胡须。

10 粘上方胡须。

11 描画鬓角。

12 用发网罩住所有头发，并固定。

13 戴发套，用胶水粘贴边缘。

14 固定发饰，造型完成。

7.2.2 宋代男子披发造型

<u>01</u> 用发网将所有头发收起。

<u>02</u> 找到合适的位置，将假发套佩戴在头上。

<u>03</u> 用手调整假发套的边缘，使其完全与头部契合。

<u>04</u> 用剪刀剪去发套上多余的纱。

<u>05</u> 在假发套边缘涂抹酒精胶水，使其与皮肤粘贴在一起。

<u>06</u> 将顶区的马尾以三股辫的方式进行编发。

<u>07</u> 将编好的发辫盘在顶区并固定。

<u>08</u> 在发髻前固定饰品，点缀造型。

<u>09</u> 造型完成。

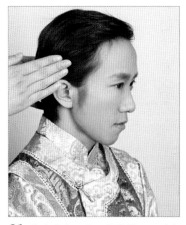

01 将真发向后发区收拢并尽量贴合头部。

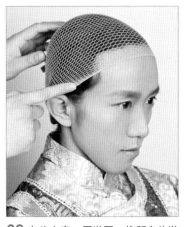

02 在头上套一层发网，将所有头发收拢。

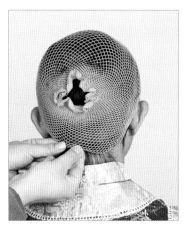

03 调整发网，注意对后发区收尾处的处理。将发网用发卡固定。

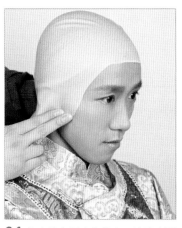

04 将光头套固定在头上，注意表面要处理光滑。

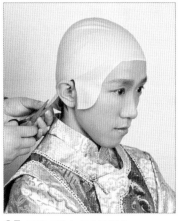

05 用剪刀剪去多余的部分。

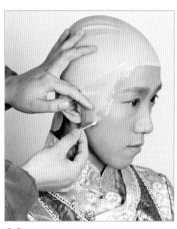

06 在光头套的边缘涂抹酒精胶水，使其粘在皮肤上。

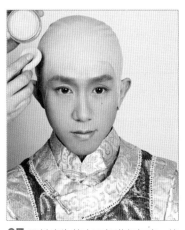

07 用粉底为整个面部进行打底，使面部的肤色与光头套的颜色一致。

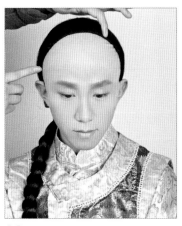

08 将假发套固定到头上。

09 造型完成。

01 用吹风机配合滚梳将头发向后梳理。

02 用滚梳抓右侧发区的头发并进行吹风。

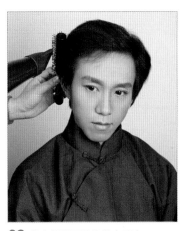

03 将右侧发区的头发向后吹。

04 左侧发区的头发采用同样的方式进行吹风。

05 对左侧发区每一片发片进行吹风。

06 用尖尾梳调整顶区头发表面的纹理层次。

07 用尖尾梳调整侧发区头发的纹理层次。

08 用尖尾梳调整刘海区头发的层次。

09 喷发胶定型。造型完成。

<u>01</u> 在面颊处晕染腮红。

<u>02</u> 腮红呈棕橘色，斜向晕染，以提升面部的立体感。

<u>03</u> 在上眼睑位置用淡淡的珠光白色眼影提亮。

<u>04</u> 在上眼睑位置自然地晕染淡金棕色眼影。

<u>05</u> 在下眼睑后半段位置晕染淡金棕色眼影。

<u>06</u> 在上眼睑眼尾位置斜向上晕染眼影。

<u>07</u> 晕染下眼睑眼尾位置的眼影，与上眼睑眼影相互结合过渡。

<u>08</u> 用咖啡色眼影对上眼睑靠近眼尾位置加深晕染过渡。

<u>09</u> 用咖啡色眼影对下眼睑靠近眼尾位置进行晕染过渡，使眼部更加立体。

<u>10</u> 在上眼睑中间位置用自然的浅金色眼影晕染提亮。

<u>11</u> 晕染眼尾位置，使眼影的过渡更加自然。

<u>12</u> 用黑色眼影自睫毛根部向上晕染过渡。

13 用睫毛夹将睫毛夹翘。

14 刷涂睫毛膏后，在上眼睑靠近睫毛根部粘贴较为浓密的假睫毛。

15 用咖啡色眉笔描画眉峰自然的眉形。

16 用暗红色亚光唇膏描画出轮廓饱满的唇形，唇峰要呈现一些棱角，用金色唇膏点缀唇部。

17 分出后发区及顶区中间部分的头发。

18 在顶区佩戴假发片。

19 在假发片基础上在后发区固定一个发髻。

20 将左侧发区的头发向右下方提拉。

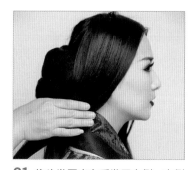

21 将头发固定在后发区右侧，右侧发区的头发采用相同的手法处理。

22 在后发区发髻上方佩戴条形假发并固定牢固。

23 在头顶位置佩戴发髻做支撑。

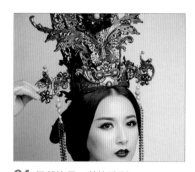

24 佩戴饰品，装饰造型。

7.2.6 汉代女子妆容造型

01 斜向晕染棕橘色腮红。

02 选择与腮红同样颜色的眼影，在上眼睑进行晕染，重点晕染上眼睑后半段。

03 用同样颜色的眼影在整个下眼睑位置进行晕染。

04 用黑色眼线笔在上眼睑后半段描画眼线，拉长眼尾位置的眼线。

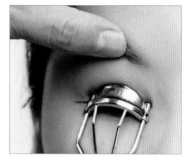

05 提拉上眼睑皮肤，将睫毛夹翘。

06 提拉上眼睑皮肤，刷涂上睫毛。

07 刷涂下睫毛。

08 在上眼睑紧贴睫毛根部粘贴自然型假睫毛。

09 提拉上眼睑皮肤，刷涂睫毛膏，使真假睫毛结合得更好。

10 用棕色眉笔描画眉形。眉形应自然。

11 用黑色眉笔局部描画补充眉形，使眉形更加完整、立体。

12 用偏枣红色唇膏描画唇形，用少量金棕色唇膏点缀唇中位置，使唇形更加立体、精致。

13 将后发区的头发收拢并固定。

14 将左侧发区的头发梳理光滑。

15 将发尾固定在后发区右侧。将右侧发区的头发梳理光滑，将发尾固定在后发区左侧。

16 在头顶位置佩戴假发片，左右各留出一部分。将饰品固定在假发片中间部分。

17 在头顶位置佩戴假发髻。

18 在假发髻后方固定假发包。

19 在假发包基础之上再固定一个假发包，以增加造型高度。

20 将造型左侧预留的假发片绕至右侧。

21 将右侧预留的假发片以同样方式操作。

22 处理好发尾。在头顶位置佩戴假发及饰品，装饰额头位置。

23 在造型两侧佩戴假发，装饰造型。

24 佩戴饰品，装饰造型。

01 在面部晕染腮红，使面色红润自然。

02 斜向晕染腮红，以提升面部的立体感。

03 在上眼睑位置淡淡地晕染金棕色眼影，重点晕染上眼睑后半段。

04 在下眼睑位置用金棕色眼影晕染过渡。

05 在上眼睑眼尾位置斜向上叠加晕染过渡。

06 在下眼睑位置用金棕色眼影叠加晕染过渡。

07 在上眼睑眼尾位置用咖啡色眼影小面积叠加晕染过渡，使眼部更加立体，眼影层次更加丰富。

08 在下眼睑眼尾位置用少量咖啡色眼影晕染过渡。

09 提拉上眼睑皮肤，在上眼睑后半段用黑色眼线笔描画眼线。

10 用眼线液笔对眼线进行加深描画。

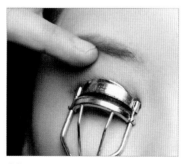

11 提拉上眼睑皮肤，用睫毛夹将睫毛夹卷翘。

12 紧靠真睫毛根部粘贴假睫毛。

13 刷涂睫毛膏，使睫毛更加浓密。

14 用咖啡色眉笔描画眉形。

15 用黑色眉笔局部加深，使眉形更加立体。

16 用红色唇膏描画唇形。

17 继续描画，使唇形轮廓饱满，唇峰圆润。

18 从内向外叠加涂抹唇膏，使唇更加立体。

19 用咖啡色眉笔描画花钿的底纹。

20 用红色水溶油彩描画花钿并用红钻装饰点缀。

21 在唇两侧面颊处用红色水溶油彩点缀面靥。

22 用啫喱膏将鬓角处的发丝处理伏贴，以增强古典美感。

23 将后发区的头发收拢并固定牢固。

24 在头顶位置固定假发包，左侧假发包的体积偏大。

25 用尖尾梳梳理头发，用真发包裹假发包并固定。

26 在后发区固定假发片。

27 在头顶位置固定条形发包。

28 将一部分假发片缠绕在发包上。

29 将缠绕好的发片固定。

30 将剩余假发固定在后发区，以形成发包效果。

31 将后发区假发用发网套住。

32 将套好发网的假发固定。

33 佩戴绢花及发钗等饰品，装饰造型。

<u>01</u> 在上眼睑位置用珠光白色眼影晕染提亮。

<u>02</u> 在上眼睑位置晕染金棕色眼影，面积小于珠光白色眼影。

<u>03</u> 用水溶性眼线粉描画眼线。

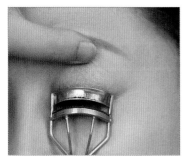

<u>04</u> 提拉上眼睑皮肤，将睫毛夹翘。

<u>05</u> 提拉上眼睑皮肤，用黑色眼线笔描画内眼线。

<u>06</u> 紧靠真睫毛根部粘贴假睫毛。

<u>07</u> 粘贴好假睫毛后用黑色水溶性眼线粉描画眼线。

<u>08</u> 用黑色眉笔描画眉形。

<u>09</u> 注意描画眉下线，使眉形更加立体。

<u>10</u> 在眼尾位置用粉嫩感腮红加深晕染过渡。

<u>11</u> 在唇部描画玫红色唇膏，使唇形轮廓饱满。

<u>12</u> 在左侧发区固定小发包，将左侧刘海区的头发包在发包上并固定。

<u>13</u> 右侧发区以同样的方式操作。

<u>14</u> 在头顶位置固定发髻。

<u>15</u> 将后发区的头发编成三股辫。

<u>16</u> 将三股辫盘起并覆上一个发包。

<u>17</u> 在后发区固定假发片。

<u>18</u> 将假发片内扣，用发辫收拢并固定。

<u>19</u> 在造型左侧佩戴饰品，装饰造型。

<u>20</u> 在造型右侧及后发区佩戴饰品，装饰造型。

7.2.9 清代女子妆容造型

<u>01</u> 在上眼睑位置晕染嫩绿色眼影。

<u>02</u> 在眼尾位置局部加深晕染。

<u>03</u> 在眼影边缘晕染过渡，使其更加自然。

<u>04</u> 在下眼睑位置晕染嫩绿色眼影。

<u>05</u> 用眼线液笔描画上眼线，眼尾自然上扬。

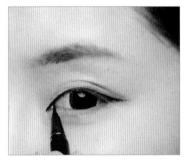

<u>06</u> 勾画内眼角眼线。

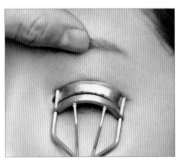

<u>07</u> 提拉上眼睑皮肤，用睫毛夹将睫毛夹翘。

<u>08</u> 提拉上眼睑皮肤，刷涂睫毛膏。

<u>09</u> 紧贴真睫毛根部粘贴自然型假睫毛。

<u>10</u> 用咖啡色眉笔描画眉形。

<u>11</u> 眉形流畅自然，眉色柔和。

<u>12</u> 用橘红色唇膏描画唇形，使唇形轮廓饱满。

13 晕染腮红，使面色红润自然。

14 将顶区的头发收拢并固定，在后发区中间位置固定燕尾假发。

15 将后发区右侧的头发向左上方提拉，使之包裹住燕尾假发的上半部分。

16 后发区左侧的头发采用相同的手法处理。

17 将右侧发区的头发向后发区左侧梳理。

18 将刘海区的头发梳理至后发区。

19 将左侧发区的头发向后发区右侧梳理。

20 在头顶位置固定旗头假发。

21 佩戴饰品，装饰造型。

7.2.10 清末民初女子妆容造型

<u>01</u> 在面部晕染橘色腮红。

<u>02</u> 在眼窝位置晕染橘色腮红。

<u>03</u> 用咖啡色眉笔描画细挑眉形。

<u>04</u> 在上眼睑位置用水溶性眼线粉描画眼线。

<u>05</u> 要紧贴睫毛根部自然地描画眼线。

<u>06</u> 在唇部自然描画红色唇膏，将边缘晕染开。

<u>07</u> 将两侧鬓角处的头发处理得光滑、伏贴。

<u>08</u> 在头顶位置固定牛角假发。

<u>09</u> 将刘海向后梳理，使之包在牛角假发上并用发卡固定。

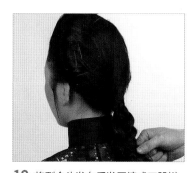

<u>10</u> 将剩余头发在后发区编成三股辫。

<u>11</u> 在头顶位置固定假发片。

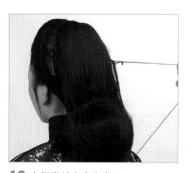

<u>12</u> 在假发片上套上发网。

13 在后发区将头发收拢。

14 将后发区假发向上收拢并固定。

15 在头顶位置固定假发片，将假发片分为左右两部分。

16 在假发片之上固定假发髻。

17 将左侧假发片在左侧发区向下打卷并固定。

18 将剩余发尾继续打卷并在后发区固定。

19 将右侧假发片向下打卷并固定。

20 将剩余发尾打卷并在后发区固定。

21 佩戴饰品，装饰造型。

7.3 影视模拟妆容造型

仙侠风女子影视妆容造型

01 将黄色亚光眼影以蝶式腮红的画法晕染。

02 在上眼睑位置晕染红色眼影。

03 在眼尾位置叠加晕染红色眼影，使眼部更具有立体感。

04 在下眼睑位置晕染红色眼影。

05 在上眼睑位置用咖啡色眼线液笔描画眼线。

06 用咖啡色眼线液笔在下眼睑眼尾位置自然描画。

07 用黑色眉笔描画眉形。

08 在唇部描画暗红色唇膏。

09 将刘海区、顶区及两侧发区的头发收拢并扎紧。

10 配合啫喱膏将两侧鬓角处的头发推出弧度。

11 在右侧发区固定波纹贴片假发。

12 在左侧发区固定波纹贴片假发。

13 在头顶位置固定假发片。

14 从假发片中分出一片头发，在左侧发区向前推出弧度并固定。

15 继续将头发向前推出弧度并固定。

16 再从假发片中分出一片头发，在右侧发区向前推出弧度并固定。

17 继续将头发向前推出弧度并固定。

18 再固定一片假发片，并分出一片头发置于胸前。

19 再从假发片中分出一片头发，向头顶位置推出弧度。

20 将推好弧度的头发盘成小发髻并进行固定。

21 继续分出头发。

22 将分出的头发在后发区盘起并固定。

23 分出一片头发并套上发网，将套好发网的头发推出弧度并固定。

24 佩戴饰品，装饰造型。

7.4 影视老年人妆容造型

当年龄慢慢变大，我们身体的各个部位会慢慢老化，而这种老化会由内向外发展渗透。皮肤会越来越粗糙，皱纹慢慢出现，牙齿松动脱落，头发掉落，毛发颜色变得花白甚至全白，行动迟缓，弯腰驼背。

影视老年人妆容造型一般有两种处理手法，一种是素描手法，另一种是吹塑手法。素描手法是指通过线条的深浅变化塑造老年妆，远距离观看的时候比较逼真，但近距离看真实度较低。吹塑手法是运用硫化乳胶等影视化妆材料塑造较为真实的皱纹，然后配合素描手法完成老年妆效果，相对更加真实一些。

在化老年妆的时候要抓住老年人的面部结构特点。只有将这些特征表现出来，才能充分呈现老年的状态。

额纹：又称抬头纹，一般有两到四根，中间粗两边细，男士的比较粗、深、整，女士的比较细、浅、碎。

眼袋：眼袋一般会画成双层的，通过色彩深浅变化凸显立体感。眼袋会让人产生疲惫、老态的感觉。

鱼尾纹：鱼尾纹呈放射状，之所以叫鱼尾纹是因为形状像鱼尾。鱼尾纹是表情纹的一种，在画好的鱼尾纹边上提亮，会显得鱼尾纹更深。

眼窝纹：是指眼球与眼眶上缘之间的凹陷，年龄越大越明显。

川字纹：又称眉间纹，通常有两到三根，有时有一根。川字纹会表现眉头紧锁的感觉。

法令纹：又称鼻沟，可以使人看上去更加老态。

鼻唇沟：鼻唇沟会让嘴角看上去更加下垂。

唇纹：牙齿脱落和皮肤老化使唇纹逐渐呈现出来。一般只有很老的人才会有唇纹，唇纹纹路比较细小，呈放射状。

老年斑：年龄大了，因为内分泌等，脸上会呈现斑点，老年斑可以用咖啡色眉笔来塑造。

面颊凹陷：由于面部脂肪含量减少，皮肤里的胶原蛋白减少，面颊会凹陷，面部皮肤会松弛。可以通过深色粉底来体现面颊凹陷。

毛发花白：可以用白色油彩将头发、眉毛、睫毛染白或者染花白。

颧骨凹陷：太阳穴的位置会变得凹陷，可以通过深色粉底来实现。

另外，还有鼻梁纹、鼻根纹、燕形纹、脸颊纹等更细致的纹路。其实不是每个老年妆都要把这些纹路全部画齐，因为人的生活状态和老化程度不同，纹路各有不同，所以要具体人物具体分析设计妆容。例如，生活富裕、心态积极向上的老人和同样年龄受尽磨难的老人呈现的状态肯定是不一样的。

7.4.1 影视素描老年妆容造型

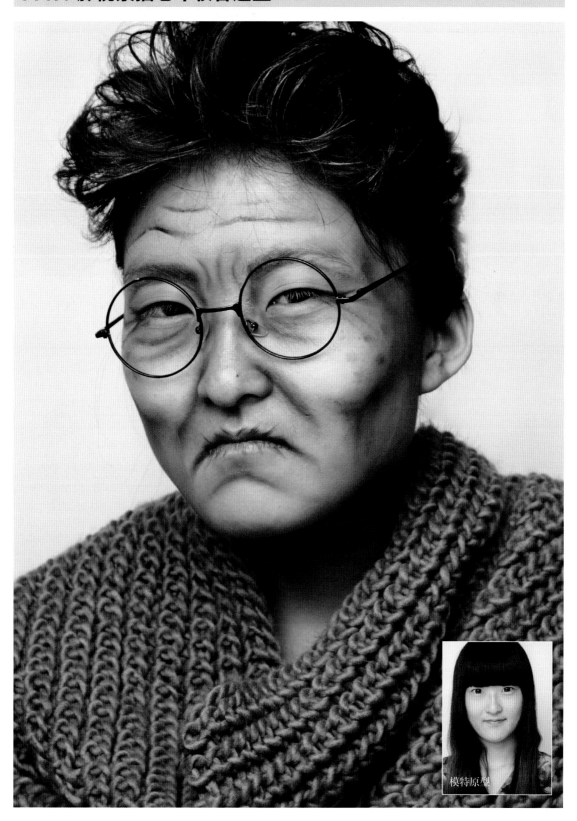

模特原型

01 为面部进行打底，选择暗影色做底色。

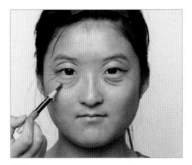

02 描画眼袋、鱼尾纹、眼窝纹的结构线。

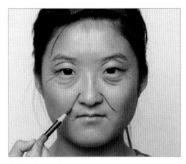

03 描画法令纹、鼻唇沟结构线。

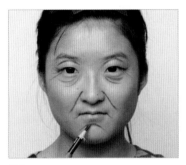

04 描画唇下结构线。

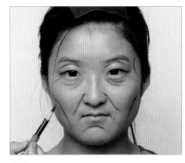

05 描画颧骨凹陷处结构线和面颊凹陷处结构线。

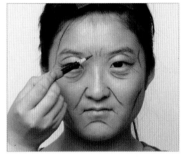

06 描画川字纹。

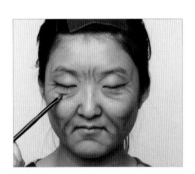

07 晕染各个纹路。

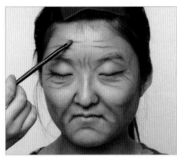

08 描画额纹并晕染。

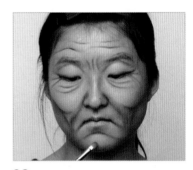

09 将浅色粉底涂抹在下巴、颧骨、眼袋等位置，使其突起。

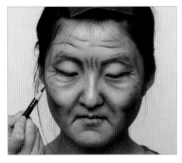

10 描画好面部的深浅结构后，描画老年斑和唇纹。

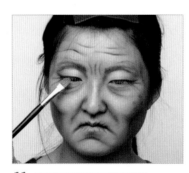

11 将眉毛和睫毛用粉底涂白。

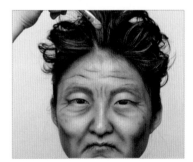

12 将头发用油彩染白，造型完成。

7.4.2 影视吹塑老年妆

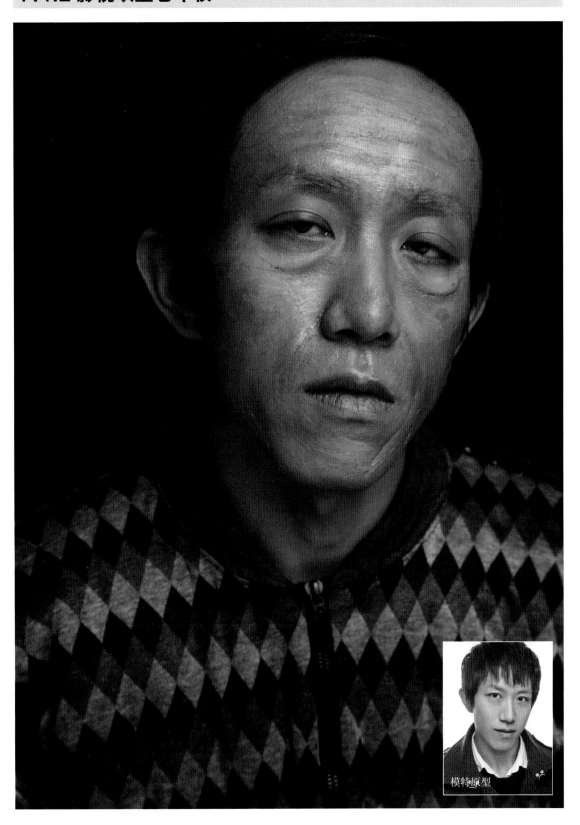

模特原型

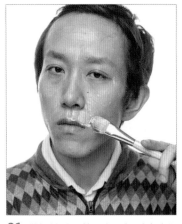

<u>01</u> 做好护肤，然后在面部刷涂硫化乳胶。可以适当用吹风机加快硫化乳胶干的速度。

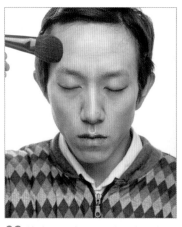

<u>02</u> 待硫化乳胶干透，在面部用细颗粒定妆粉进行定妆。根据想要的皱纹深度反复操作两到三次。

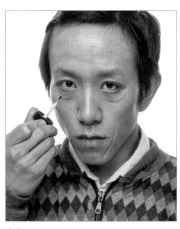

<u>03</u> 在整个面部涂抹延展油。

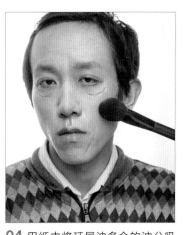

<u>04</u> 用纸巾将延展油多余的油分吸干。如果面部过油，可以用少量定妆粉定妆。

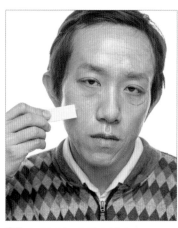

<u>05</u> 在面部按压深肤色粉底膏。

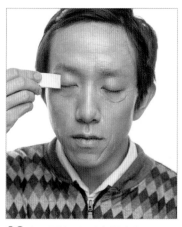

<u>06</u> 在眼周按压深肤色粉底膏。

<u>07</u> 用油彩或暗影膏对皱纹的细节位置进行深度刻画，使皱纹更加清晰。

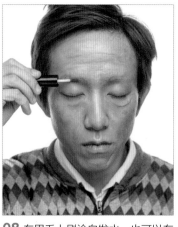

<u>08</u> 在眉毛上刷涂白发水，也可以在头发上适当刷涂，以增强老态的感觉。

7.5 影视角色性格妆容造型

    影视角色性格妆容造型即通过化妆手法将一个人的性格、内心活动、情绪等内容表现出来。虽然一个人的外表并不能绝对反映人的内心世界，但是在影视剧中需要通过这种方式诠释一个人的形象。这样有助于在影视剧拍摄中区别角色的好坏及让人物形象更符合角色的需要。人的性格多种多样，正直勇敢、阴险狡诈、凶狠残暴、胆小懦弱、愚蠢无知等，或多或少都会通过外在有所表露，也就是所谓的"相由心生"。有些可以通过妆容造型来体现，当然更多的还需要演员通过自己的演技进行诠释。

正直勇敢形象特点

    这类人物形象经常在影视剧中出现，如岳飞、焦裕禄、刘胡兰、任长霞等，给我们展现的是坚毅的性格、高尚的品质，是我们希望看到的形象。在表现这种人物形象的时候，通常会表现出面部轮廓清晰、目光炯炯有神、额头饱满、头发多、发质硬等特点。

阴险狡诈形象特点

    阴险狡诈的形象往往用来展示影视剧中的反面人物，妆容要能展示出更深层次的内心世界，演员的面部表情和演技也很重要。影视剧中常见的阴险狡诈的形象有叛徒等。这类人物的主要特点有：颧骨突出、眉眼间距近、面部瘦削、脸色苍白、三角眼、嘴唇薄、鹰钩鼻等。而这些人物形象往往是为了烘托剧情而塑造的，真实生活中未必全是如此。

凶狠残暴形象特点

    凶狠残暴的形象往往用来表现影视剧中让人憎恶和忌惮的角色，如暴君、土匪等。在塑造角色的时候，化妆造型师可以加入自己的想象。这类角色的特点一般表现为方脸、轮廓硬朗、额头低窄、眼神狰狞、外眼角下垂、鹰钩鼻、嘴角下垂、鼻唇沟明显。可以用一些疤痕和血浆增加恐怖狰狞的感觉。

    除了这些人物形象外，还有很多其他的人物形象。化妆造型师都要根据剧情、剧中人物特点、演员原型等因素塑造人物形象。

    本节以凶狠残暴的人物为例，演示性格化妆技法。

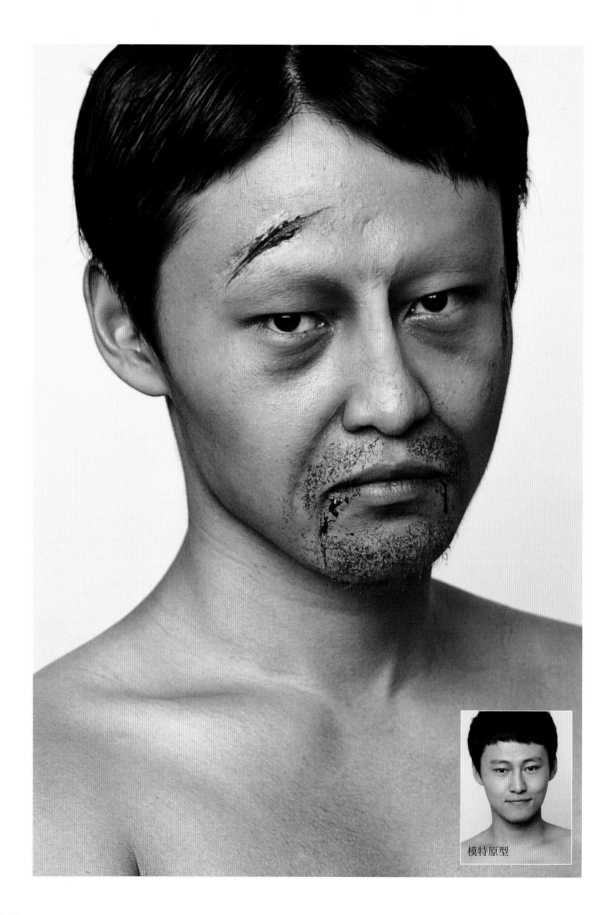

模特原型

376

<u>01</u> 为面部进行打底。

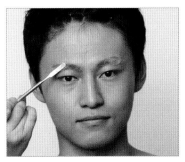

<u>02</u> 用万能调刀将肤蜡涂抹在眉毛上，覆盖眉毛，抹平。

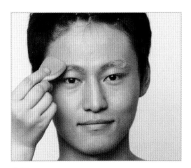

<u>03</u> 用粉底在眉毛处上色。

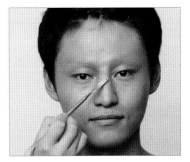

<u>04</u> 用肤蜡将鼻根位置垫高。

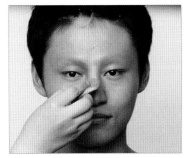

<u>05</u> 用粉底上色。

<u>06</u> 描画眼袋和川字纹的结构线，使其看上去憔悴。

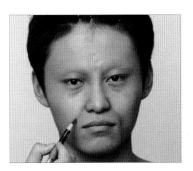

<u>07</u> 描画法令纹的结构线，使其看上去严肃。

<u>08</u> 描画鼻侧影，使眼窝看上去更深。

<u>09</u> 将部分头发剪碎，并用胶水粘贴在嘴巴周围，形成胡茬效果。

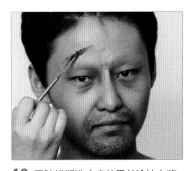

<u>10</u> 用肤蜡塑造疤痕效果并涂抹血浆。

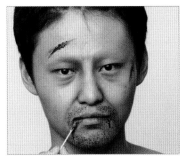

<u>11</u> 继续在嘴角和面部涂抹血浆，使人看上去更凶狠。

<u>12</u> 将头发三七分并梳平，使人看上去更邪气。造型完成。

7.6 影视伤效

影视伤效在战争戏、惊悚剧等影视剧中出现得比较多，主要是通过视错、塑形、绘画等手法塑造出特殊效果。一般比较常见的伤效是断指、烧伤、疤痕、血洞等。

断指伤效

断指是通过视错的效果呈现的，选择做断指的手指一般是中指。通过胶带固定、肤蜡塑形、血浆效果的相互结合达到断指的效果。

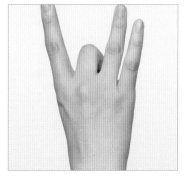

01 中指向下弯曲。

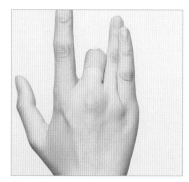

02 用胶带进行固定。

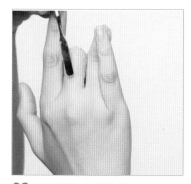

03 涂抹肤蜡，遮盖胶带。

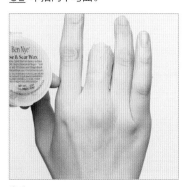

04 用肤蜡为断指塑形。

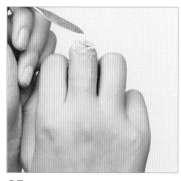

05 将少量纸巾撕碎并粘贴在顶端。

06 涂抹血浆。

07 用少量的黑色混合微量的蓝色油彩加深断指截面的颜色。

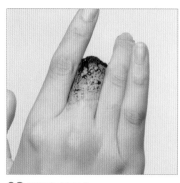

08 断指伤效完成。

烧伤伤效

烧伤分为三度。一度烧伤，肤色呈肉红色，并有轻微起泡的状况。二度烧伤除了皮肤红肿外还有明显的水泡，并有水泡破裂的现象。三度烧伤，皮肤呈焦黑色，并伴有流血、水泡等现象。被火烧伤的皮肤有焦黑色，被化学用品烧伤的皮肤没有焦黑色。烧伤伤效一般会用到硫化乳胶、血浆、油彩和黄色啫喱膏等材料。

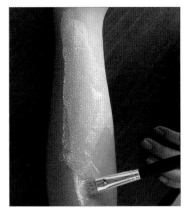

01 将硫化乳胶涂抹在皮肤上。

02 用吹风机吹干，如此反复操作几次。

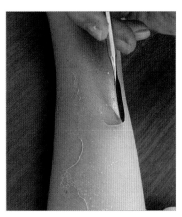

03 用万能调刀将吹干的乳胶膜挑开。

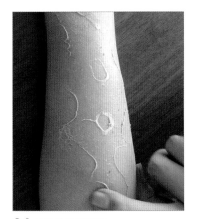

04 将乳胶边缘搓卷。

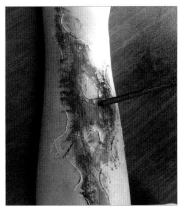

05 在乳胶膜上涂抹血浆。

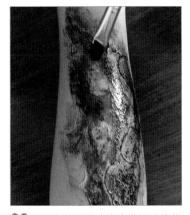

06 用黑色油彩结合在血浆调出烧伤变黑的颜色，并涂抹在乳胶膜上。

07 将黄色啫喱膏涂抹在乳胶膜上，制造出化脓的感觉。烧伤伤效完成。

疤痕伤效

疤痕伤效的塑造有时候是在将已经塑形好的疤痕零件粘贴完成后，用油彩和血浆制造效果，有时候需要用肤蜡结合油彩和血浆完成。

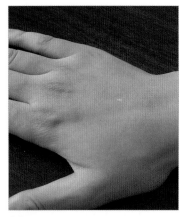

01 选择做疤痕伤效的位置。

02 取适量肤蜡，用万能调刀塑形。

03 用万能调刀在肤蜡中部划一刀。

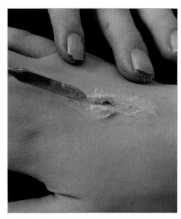

04 调整形状。

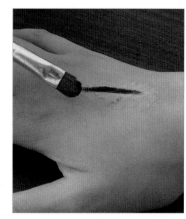

05 将棕红色油彩涂抹在伤疤中间。

06 在外侧涂抹红色油彩，注意涂抹均匀。

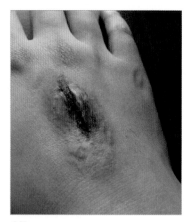

07 疤痕伤效完成。

血洞伤效

血洞伤效可以利用塑形泥、酒精胶水、硫化乳胶、肤蜡等材料进行塑造，用砂糖、血浆、油彩等材料辅助完成。

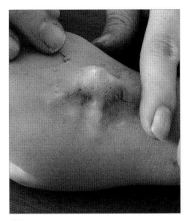

01 将塑形泥做出隆起效果，在皮肤上贴平整。

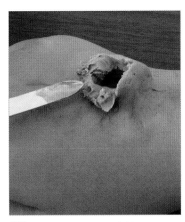

02 将中间用万能调刀向外翻开。

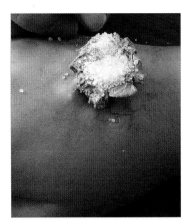

03 将砂糖置于洞中。

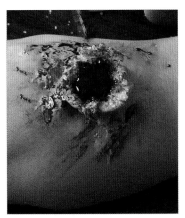

04 在洞中滴入血浆，在周围皮肤上也用血浆涂抹出效果。

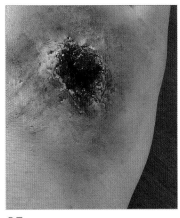

05 用万能调刀将周围的血浆与塑形泥混合在一起并抹平。

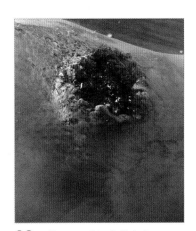

06 调整洞口，血洞伤效完成。

做一种伤效并不是只有一种方法。只要能得到需要的伤效效果，采用什么方法都是可以的。可以多加练习，逐步掌握自己独特的伤效制作方法。

7.7 影视气氛妆效

影视气氛妆效是指为符合特定场景需要所完成的妆容效果，这方面所涵盖的内容和影响因素很多。那么，在处理影视气氛妆效的时候，化妆造型师要注意哪些问题呢？

影视气氛妆效情节因素考量

化妆造型师要明白在特定场景所需要的化妆效果。例如，要表现一个人在夏天长时间奔跑找人时候的焦急心态，化妆造型师就可以塑造出一个大汗淋漓的人物形象。试想一下，一个人奔跑时一点汗水都没有，显然不符合气氛需要。要表现一个人在冰天雪地的环境中前行，化妆造型师就可以在眉毛、胡子上加一些冰霜效果，烘托寒冷的气氛。这两种妆容造型都属于气氛妆效的范畴。

通过现场环境进行内心场景模拟

在表现影视气氛妆效的时候，化妆造型师还要考虑现场的场景布置及光线效果，结合这些因素在心中模拟场景效果。这样打造出来的妆容就会与现场场景更加吻合。

影视气氛妆效的类型比较多，这里对常见的气氛妆效做一下介绍。

自然环境气氛妆效

自然环境气氛妆效是指受天气影响产生的妆容效果，如出汗、干皮等。

生理与心理气氛妆效

生理气氛妆效是指身体受外界和自身因素影响产生的妆容效果，如指甲变长、牙齿脱落、出血等。心理气氛妆效是指如听到一些伤心的事情落泪等而做的妆容。

职业气氛妆效

职业气氛妆效是指根据职业做的妆容，如要表现战场上浴血奋战的士兵，肯定会做出脏脏的效果或血效果等。

恐怖气氛妆效

恐怖气氛妆效一般较为夸张，如配合场景需要做出腐烂、大面积伤痕等效果。

特定因素气氛妆效

特定因素气氛妆效的范围非常广，应根据剧本和场景需要特别设计妆容。

上面介绍的各种分类中有些妆效类型是可以划分到其他类型的，上述分类只是对各种类型的基本划分。另外，演员的演绎也很重要，妆效只起到锦上添花的作用。

模特原型

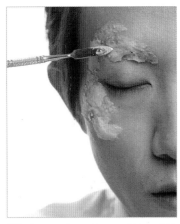

01 在眉毛处及面部用万能调刀涂抹肤蜡并按压平整。

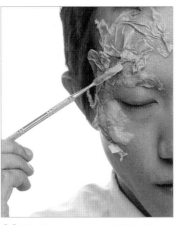

02 将硫化乳胶干后形成的假皮用酒精胶水粘贴在右侧额头、太阳穴及脸颊位置。

03 在皮肤上涂抹延展油。

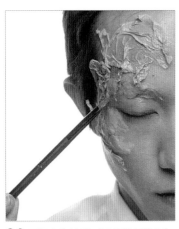

04 用深咖色油彩对局部位置进行加深，形成更强烈的凹凸感。

05 用血浆塑造更强烈的恐怖效果。

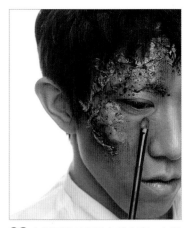

06 在眼周涂抹深肤色粉底膏。在眼袋、法令纹等位置用咖色油彩描画，使眼袋和法令纹更加明显。